职业技术 • 职业资格培训教材

计算机程序设计员（Java）

主　编　梁云娟　李士勇
副主编　杜　娟　王崇科
编　者　王顺平
主　审　赵　蕾

高级（下册）

中国劳动社会保障出版社

图书在版编目(CIP)数据

计算机程序设计员:Java. 高级. 下册/上海市职业技能鉴定中心组织编写. —北京:中国劳动社会保障出版社,2013

1+X 职业技术·职业资格培训教材

ISBN 978-7-5167-0165-2

Ⅰ.①计… Ⅱ.①上… Ⅲ.①JAVA 语言-程序设计-技术培训-教材 Ⅳ.①TP312

中国版本图书馆 CIP 数据核字(2013)第 019718 号

中国劳动社会保障出版社出版发行
(北京市惠新东街 1 号 邮政编码:100029)
出 版 人:张梦欣

＊

新华书店经销
北京地质印刷厂印刷 三河市华东印刷装订厂装订
787 毫米×1092 毫米 16 开本 15.25 印张 286 千字
2013 年 2 月第 1 版 2013 年 2 月第 1 次印刷
定价:35.00 元

读者服务部电话:(010) 64929211/64921644/84643933
发行部电话:(010) 64961894
出版社网址:http://www.class.com.cn

版权专有 侵权必究
如有印装差错,请与本社联系调换:(010) 80497374
我社将与版权执法机关配合,大力打击盗印、销售和使用盗版图书活动,敬请广大读者协助举报,经查实将给予举报者重奖。
举报电话:(010) 64954652

内 容 简 介

　　本教材由人力资源和社会保障部教材办公室、中国就业培训技术指导中心上海分中心、上海市职业技能鉴定中心依据上海 1+X 计算机程序设计员（Java）三级职业技能鉴定细目组织编写。教材从强化培养操作技能，掌握实用技术的角度出发，较好地体现了当前最新的实用知识与操作技术，对于提高从业人员基本素质，掌握计算机程序设计员（Java）三级的核心知识与技能有直接的帮助和指导作用。

　　本教材在编写中根据本职业的工作特点，以能力培养为根本出发点，采用模块化的编写方式。本教材分为上下两册，本册内容共分为2章，主要包括：Hibernate 框架封装持久层、设计模式简介。

　　本教材可作为计算机程序设计员（Java）三级职业技能培训与鉴定考核教材，也可供全国中、高等职业技术院校相关专业师生参考使用，以及本职业从业人员培训使用。

前　言

职业培训制度的积极推进，尤其是职业资格证书制度的推行，为广大劳动者系统地学习相关职业的知识和技能，提高就业能力、工作能力和职业转换能力提供了可能，同时也为企业选择适应生产需要的合格劳动者提供了依据。

随着我国科学技术的飞速发展和产业结构的不断调整，各种新兴职业应运而生，传统职业中也越来越多、越来越快地融进了各种新知识、新技术和新工艺。因此，加快培养合格的、适应现代化建设要求的高技能人才就显得尤为迫切。近年来，上海市在加快高技能人才建设方面进行了有益的探索，积累了丰富而宝贵的经验。为优化人力资源结构，加快高技能人才队伍建设，上海市人力资源和社会保障局在提升职业标准、完善技能鉴定方面做了积极的探索和尝试，推出了1+X培训与鉴定模式。1+X中的1代表国家职业标准，X是为适应上海市经济发展的需要，对职业的部分知识和技能要求进行的扩充和更新。随着经济发展和技术进步，X将不断被赋予新的内涵，不断得到深化和提升。

上海市1+X培训与鉴定模式，得到了国家人力资源和社会保障部的支持和肯定。为配合上海市开展的1+X培训与鉴定的需要，人力资源和社会保障部教材办公室、中国就业培训技术指导中心上海分中心、上海市职业技能鉴定中心联合组织有关方面的专家、技术人员共同编写了职业技术·职业资格培训系列教材。

职业技术·职业资格培训教材严格按照1+X鉴定考核细目进行编写，教材内容充分反映了当前从事职业活动所需要的核心知识与技能，较好地体现了适用性、先进性与前瞻性。聘请编写1+X鉴定考核细目的专家，以及相关行业的专家参与教材的编审工作，保证了教材内容的科学性及与鉴定考核细目以及题库的紧密衔接。

职业技术·职业资格培训教材突出了适应职业技能培训的特色，使读者通过学习与培训，不仅有助于通过鉴定考核，而且能够真正掌握本职业的核心技术与操作技能，从而实现从懂得了什么到会做什么的飞跃。

职业技术·职业资格培训教材立足于国家职业标准，也可为全国其他省市开展新职业、新技术职业培训和鉴定考核，以及高技能人才培养提供借鉴或参考。

新教材的编写是一项探索性工作，由于时间紧迫，不足之处在所难免，欢迎各使用单位及个人对教材提出宝贵意见和建议，以便教材修订时补充更正。

人力资源和社会保障部教材办公室
中国就业培训技术指导中心上海分中心
上海市职业技能鉴定中心

目 录

第 5 章 Hibernate 框架封装持久层
- 第 1 节 Hibernate 简介 …………………………………………… 2
- 第 2 节 Hibernate 的体系结构 …………………………………… 9
- 第 3 节 Hibernate 的配置文件 …………………………………… 13
- 第 4 节 Hibernate 中的对象 ……………………………………… 36
- 第 5 节 Hibernate 的关联映射 …………………………………… 53
- 第 6 节 Hibernate 的批处理方式 ………………………………… 86
- 第 7 节 Hibernate 查询的实现 …………………………………… 100
- 第 8 节 Hibernate 的事务控制 …………………………………… 120
- 第 9 节 Spring 整合 Hibernate …………………………………… 133
- 第 10 节 Hibernate 开发案例 …………………………………… 146
- 本章小结 …………………………………………………………… 175

第 6 章 设计模式简介
- 第 1 节 设计模式概述 …………………………………………… 178
- 第 2 节 设计模式的原则 ………………………………………… 179
- 第 3 节 常用设计模式 …………………………………………… 201
- 本章小结 ………………………………………………………… 235

第 5 章

Hibernate 框架封装持久层

第 1 节	Hibernate 简介	/2
第 2 节	Hibernate 的体系结构	/9
第 3 节	Hibernate 的配置文件	/13
第 4 节	Hibernate 中的对象	/36
第 5 节	Hibernate 的关联映射	/53
第 6 节	Hibernate 的批处理方式	/86
第 7 节	Hibernate 查询的实现	/100
第 8 节	Hibernate 的事务控制	/120
第 9 节	Spring 整合 Hibernate	/133
第 10 节	Hibernate 开发案例	/146
本章小结		/175

第1节 Hibernate 简介

在当前软件开发过程中，同时使用面向对象数据库和关系数据库是一项耗时和头疼的工作。Java 应用程序运行时，往往把数据封装为相互连接的对象网络，但是当程序结束时，这些对象就会消失在一团逻辑中，所以需要有一些保存它们的方法。有时候，甚至在编写应用程序之前，数据就已经存在了，所以需要有读入它们和将其表示为对象的方法。JDBC 手动编写代码方式来执行这些任务不仅单调乏味、易于出错，而且会占用整个应用程序的很大一部分开发工作量。

优秀的面向对象的开发人员厌倦了这种重复性的劳动，开始采用通常的"积极"偷懒做法，即创建工具，使整个过程自动化。对于关系数据库来说，这种努力的最大成果就是对象/关系映射（ORM）工具。

ORM 工具有很多，从昂贵的商业产品到内置于 J2EE 中的 EJB 标准。然而，在很多情况下，这些工具具有自身的复杂性，使得开发人员必须学习使用它们的详细规则，并修改组成应用程序的类，以满足映射系统的需要。由于这些工具为应付更加严格和复杂的企业需求而不断发展，于是在比较简单和常见的场景中，使用它们所面临的复杂性反而超过了所能获得的好处。这引起了一场革命，促进了轻量级解决方案的出现，而 Hibernate 就是这样的一个例子。

一、对象持久化

1. 持久化的概念

在项目运行过程中，有些程序数据需要保存在内存中，当程序退出后，这些数据就不复存在了，这些数据是瞬时状态的（Transient）；有些数据在程序退出后，还是以文件等形式保存在存储设备中，这些数据为持久状态的（Persistent）。

持久化是把数据同步保存到数据库或者其他存储设备中，就是将程序中的数据在瞬时状态和持久状态间转换的机制。如图 5—1 所示，在软件开发过程中，持久化是和数据库打交道的层次。

2. 完善的持久化层的目标

在数据库中对数据的增加、删除、查找和修改都是通过持久化来完成的。在分层结构中，DAO 层（数据访问层）有时候也被称为持久化层。这一层主要负责的工作是将数据保存到数据库中或把数据从数据库中读取出来，专门负责持久化工作的逻辑层，由它统一与数据库进行联系，如图 5—2 所示。

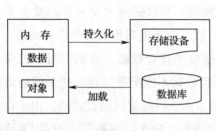

图 5—1　持久化原理

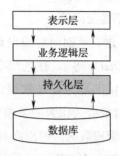

图 5—2　持久化层结构

特别提示

设计项目时，经常运用的分层结构分为：
(1) 表示层。提供与用户交互的界面。
(2) 业务逻辑层。实现各种业务逻辑。
(3) 持久化层。负责存放和管理应用程序的持久化业务数据。

持久化层（也叫数据访问层）封装了数据访问的细节，为业务逻辑层提供了面向对象的 API。完善的持久化层应该达到的目标为：

(1) 代码重用性高，可完成所有的数据访问操作。作为一个专业的持久层中间件（如 Hibernate），除了具备基本的数据增、删、改、查功能之外，还必须提供连接管理、事务管理、性能管理、缓存管理、对象/关系映射等高级功能，以满足专业的开发需求。

(2) 能够支持多种数据库平台。能够提供不同数据库的接口，便于开发。

(3) 具有相对独立性，当持久化层变化时，不会影响上层实现。

二、持久化存在的问题

1. JDBC 编码方式复杂

在常见的 JSP 开发中，经常有很多与数据链接、查询等操作语句，这会导致数据库相关的持久化代码和业务逻辑处理代码耦合在一起，给代码编写和工程维护工作带来了困难。

这就要求将持久化层的工作独立出来进行处理，将持久化层提取出来以便于进行项目开发和维护。传统上使用 JDBC 开发持久层，不仅会产生很多冗余（重复代码），还需要管理 connection 对象。为解决 JDBC 方式过于烦琐的问题，人们发展出了 ORM（Object/Relation Mapping）技术。

2. 阻抗不匹配问题

由于 Java 语言是面向对象设计，是对象模型。而数据库大部分产品是关系型数据库（如 MySQL、Oracle 等）。在进行项目开发的时候，需要把对象和关系进行映射。

而关系数据库是为管理数据设计的，它适合于管理数据。在面向对象的应用中，用 JDBC 方式将对象持久化为关系模型可能会遇到数据不匹配等问题。这个问题的根源是因为关系数据库管理数据，而面向对象的应用是为业务问题建模而设计的。由于这两种目的不同，要使这两个模型协同工作可能会具有挑战性。这个问题被称为对象/关系阻抗不匹配（object/relational impedance mismatch）或简称为阻抗不匹配。

在应用项目设计中可以轻易地实现对象相同或相等，但在关系数据库中不存在这样的关系。面向对象语言的一项核心特性是继承，继承很重要，因为它允许创建问题的精确模型，同时可以在层次结构中自上而下地共享属性和行为，而关系数据库不支持继承的概念。对象之间可以轻易地实现一对一、一对多和多对多的关联关系，而数据库并不理解这些，它只知道外键指向主键。

O/R Mapping 技术能提供方法将对象映射到关系数据库中，使之能够相关关联。

ORM 的作用是在关系数据库和对象之间做一个自动映射，这样在操作具体数据时，就不需要编写负责的 SQL 语句，只操作对象即可。

三、ORM（Object/Relation Mapping，对象/关系映射）

ORM 是一种为了解决面向对象与面向关系数据库互不匹配现象的技术，即 ORM 是通过使用描述对象和数据库之间映射的元数据，将 Java 程序中的对象自动持久化到关系数据库中。这种映射机制从本质上说，其实就是将数据从一种形式转换成另一种形式。

简单地说，ORM 是通过使用描述对象和数据库之间映射的元数据，将 Java 程序中的对象自动持久化到关系数据库中。表 5—1 是 Java 中的对象和数据库中表相对应关联的概念。

表 5—1　　　　　　　　　　　　对象/关系表

面向对象概念	面向关系概念
类	表
对象	表的行（记录）
属性	表的列（字段）

将关系数据库表中的记录映射成为对象,以对象的形式展现,程序员可以把对数据库的操作转化为对对象的操作。因此 ORM 的目的是方便开发人员以面向对象的思想来实现对数据库的操作。ORM 在整个分层架构中起到了关联作用。其实现思路如图 5—3 所示。

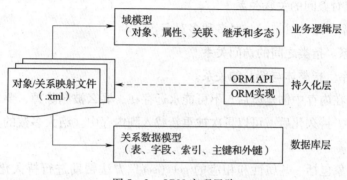

图 5—3 ORM 实现思路

ORM 采用元数据来描述对象/关系映射细节,元数据通常采用 xml 格式,并存放在专门的对象/关系映射文件中。只要配置了持久化类与表的映射关系,ORM 中间件在运行时就能够参照映射文件的信息,把域对象持久化到数据库中。

1. 关系数据模型

关系数据库到现在依然是使用最广泛的数据库,它存储的是关系(即二维表)。关系数据模型描述的是关系数据的静态结构。

在关系数据库中,通常通过主键来保证每条记录的唯一性,通过外键来保证表与表之间的关联关系,常见关系有 1:1、1:n 以及 m:n。

2. 域模型

(1) 域模型的组成内容。在软件设计阶段,使用域模型来模拟真实的实体对象。域模型是面向对象的,它由以下内容组成:

1) 状态和行为(和普通的 JavaBean 一样)。

2) 域对象之间的关系。

(2) 域对象的分类。构成域模型的基本元素是域对象(Domain Object),它可以分为:

1) 实体域对象。是最常见的域对象,例如人、事物或概念等。

2) 过程域对象。它代表应用中的业务逻辑流程,通常依赖于实体域对象。

实体域对象即 JavaBean 对象(也称为 POJO,Plain Old Java Object),是最容易理解的对象形式。

实体域对象代表真实世界中的物质实体,如人、时间、地点、事件等。在一个学校中可以把学校、班级、课程、学生都作为单独的实体对象,它仅仅是数据的载体,不包括业务逻辑方法。在实体对象中需要设置一个唯一的对象id来标识此对象(不是必需的),以使程序能区别不同的对象。

(3)实体域对象间的关联关系

1)关联关系。即一对一、一对多和多对多。

2)依赖关系。指类之间的访问关系。

3)聚集关系。指整体与部分的关系。

实体域对象在内存中创建以后,不可能永远存在,要么被删除掉,要么将对象数据持久化到数据库中。持久化后,可以再次被重新载入到内存中。绝大多数的实体域对象都是需要持久化的。

JavaBean对象包括一些属性和相应的get(set)方法帮助进行持久化的工作。例如,一个用户信息所对应的实体对象代码如下:

【例5.1】 User.java实体类

```
package com.hibernate.entity;
public class User {                //用户实体类
    private String id;             //标识id
    private String username;       //用户名字
private String password;           //用户密码
private Integer age ;              //用户年龄
public String getId(){             //get/set方法
  return id;
}
public void setId(String id){
  this.id = id;
}
public String getUsername(){
  return username;
}
public void setUsername(String username){
  this.username = username;
```

```
    }
    public String getPassword(){
        return password;
    }
    public void setPassword(String password){
        this.password = password;
    }
    public Integer getAge(){
        return age;
    }
    public void setAge(Integer age){
        this.age = age;
    }}
```

ORM 的工作是将实体类持久化到数据库中去。目前提供 ORM 工作的工具有很多，例如 Apache OJB、Sun 公司的 JDO、Oracle 公司的 Toplink 以及 EJB。

其中，Hibernate 是 ORM 工具中的杰出代表，是关系/对象映射的解决方案。Hibernate 最核心的功能就是解决阻抗不匹配问题，将对象映射到关系型数据库里，进行增、删、改、查等操作。

3. 持久化

数据库持久化操作包括：保存域对象到数据库中，修改数据库中对应的数据，删除对象数据，查询和加载满足条件的数据。在进行持久化操作时，对于要持久化的实体对象有几点要求：

（1）提供一个无参的构造器。使 Hibernate 可以使用 Constructor.newInstance() 来实例化持久化类。

（2）提供一个标识属性（identifier property）。通常映射为数据库表的主键字段。如果没有该属性，一些功能将不起作用，如：Session.saveOrUpdate()。

（3）为类的持久化类的字段声明访问方法（get/set）。Hibernate 对 JavaBeans 风格的属性实行持久化。

（4）使用非 final 类。在运行时生成代理是 Hibernate 的一个重要的功能。如果持久化类没有实现任何接口，Hibernate 使用 CGLIB 生成代理。如果使用的是 final 类，则无法生成 CGLIB 代理。

(5) 重写 equals（）和 hashCode（）方法。如果需要把持久化类的实例放到 set 中（当需要进行关联映射时），则应该重写这两个方法。

四、Hibernate 的功能特色

Hibernate 在 2003 年年末被 JBoss 组织收纳，成为从属于 JBoss 组织的子项目之一，从而赢得了良好的发展前景（荣获 Jolt 2004 大奖）。

Hibernate 与 OJB 设计思想类似，具备相近的功能和特色，但由于其更加灵活快速的发展策略，得到了广大技术人员的热情参与，因此也得到了更广泛的推崇。相对 Apache OJB 迟钝的项目开发进度表，Hibernate 活跃的开发团队以及各论坛内对其热烈的关注为其带来了极大的活力，并逐渐发展成 Java 持久层事实上的标准。

Hibernate 有冬眠和蛰伏的意思。它是一个独立的对象持久层框架，是非常优秀、成熟的 O/R Mapping 框架。它提供了强大、高性能的 Java 对象和关系数据的持久化与查询功能。

1. Hibernate 的工作

Hibernate 运用 DAO（Data Access Object）设计模式来实现对象和关系数据库之间的映射，对 JDBC 进行了轻量级的对象封装，并以面向对象的思维方式，在 Java 应用和关系数据库之间建立连接桥梁，使 Java 程序员可以完全使用面向对象的编程思维来操作关系数据，解决了数据库的操作问题。在基于 MVC 设计模式的 Java Web 应用中，Hibernate 可以作为应用的数据访问层。

Hibernate 可以用在任何 JDBC 可以使用的场合，例如 Java 应用程序的数据库访问代码，DAO 接口的实现类，甚至可以是 EJB 中 BMP 里面的访问数据库的代码。Hibernate 能帮助人们利用面向对象的思想，开发基于关系型数据库的应用程序，分为两个部分：

第一部分：将对象数据保存到数据库。

第二部分：将数据库数据读入对象中。

2. Hibernate 的优点

（1）Hibernate 是 JDBC 的轻量级的对象封装，它是一个独立的对象持久层框架，和 App Server、EJB 没有什么必然的联系。Hibernate 可以用在任何 JDBC 可以使用的场合，例如 Java 应用程序的数据库访问代码，DAO 接口的实现类，甚至可以是 EJB 中 BMP 里面的访问数据库的代码。从这个意义上说，Hibernate 和 EJB 不属于同一个范畴，也不存在非此即彼的关系。

（2）Hibernate 是一个和 JDBC 密切关联的框架，所以 Hibernate 的兼容性和 JDBC 驱动，和数据库都有一定的关系，但是和使用它的 Java 程序，和 App Server 没有任何关系，也不存在兼容性问题，具有可移植性。

(3) Hibernate 对 JDBC 进行了轻量级封装，内存消耗少，运行效率高。如果 JDBC 的代码写得非常优化，则 JDBC 架构运行效率最高。但是在实际项目中，这一点难以做到。因为这需要程序员非常精通 JDBC。而一般情况下程序员是做不到这一点的。因此 Hibernate 架构表现出最快的运行效率。

(4) 开发效率高。Eclipse、JBuilder 等主流 Java 集成开发环境对 Hibernate 有很好的支持，在大的项目，特别是持久层对象关系映射很复杂的情况下，Hibernate 效率高得惊人。因为可以直接查询出对象，不需要写代码将结果集封装成对象，减少了代码量起到了提高生产力的作用。

Hibernate 为 Java 程序员提供了面向对象的 API 和接口来操纵数据库，从而避免了在业务逻辑中嵌入大量的 JDBC 访问和事务控制代码。Hibernate 使用数据库和配置信息来为应用程序提供持久化服务（以及持久的对象），作为持久层的主流框架，Hibernate 不仅可以应用于桌面应用程序开发，也可以用于 Web 应用程序的开发。

使开发更加对象化，用户不需要关心表，只需关心对象模型，Hibernate 会根据对象模型自动生成数据库表。不会出现阻抗不匹配，因为 Hibernate 会把对象模型的关系映射到关系型数据库里。如对象的继承，但数据库中没有继承关系，这就是阻抗不匹配。Hibernate 会让数据库的主外键关系模拟成对象模型的对应关系。

3. Hibernate 的缺点

(1) 因为 Hibernate 封装太彻底，不方便使用数据库产品提供的特性功能，如触发器等，很难优化。

(2) 因为有缓存，不适合大批量更新。

(3) 不适合做大量的统计查询功能。

使用 Hibernate 就是使人们采用对象化思维操作关系型数据库。

第 2 节　Hibernate 的体系结构

一、分层体系结构

1. Hibernate 的作用

Hibernate 作为优秀的 ORM 映射工具，其整体架构如图 5—4 所示。从图中可以看出，Hibernate 使用数据库和配置信息来为应用程序提供持久化服务（以及持久的对象）。

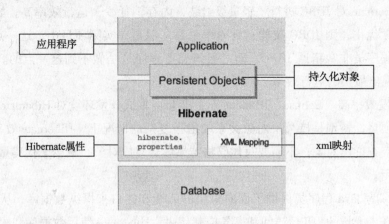

图 5—4　Hibernate 的体系结构

在分层体系架构中，Hibernate 负责应用程序与数据库之间的数据交换，起到 ORM 中间件的作用；使得应用程序通过 Hibernate 的 API 就可以访问数据库。

其中，Hibernate 作为模型层/数据访问层。它可以通过配置文件（hibernate.cfg.xml 或 hibernate.properties）和映射文件（*.hbm.xml）把 Java 对象或持久化对象（Persistent Object，PO）映射到数据库中的数据表，然后通过操作 PO，对数据库中的表进行各种操作，其中 PO 就是 POJO（普通 Java 对象）加映射文件。

2. Hibernate 的开发步骤

在项目应用中使用 Hibernate，首先必须进行 Hibernate 与数据库连接设置、连接池参数设置及 ORM 映射文件的创建，使用 Hibernate 的开发步骤如下：

（1）设计。一般首先进行领域对象的设计。因为在 Hibernate 中，领域对象可以直接充当持久化类。

（2）映射。定义 Hibernate 的映射文件，实现持久化类和数据库之间的映射。创建配置文件管理。

（3）应用。使用 Hibernate 提供的 API，编写访问数据库的代码，实现具体的持久化业务。

二、准备 Hibernate 开发

1. 建立数据访问环境

（1）为了开发基于 Hibernate 的项目应用，首先需要数据库服务器，如 SQL Server、Oracle 以及 MySQL 等。在此，采用网络开发中流行的 MySQL 数据库。可以到 http://www.mysql.com 中下载并安装。具体安装配置省略。

在 MySQL 中创建项目所使用的数据库。具体创建数据库和创建表的方式省略。例如创建数据库实例如下：

Create database Hibernate_ first;

（2）在 MyEclipse 中建立关系数据库访问方式。开发 MyEclipse Database Explorer 选项，如图 5—5 所示。

（3）设置数据库相关选项，例如数据库 URL、数据库名称、数据库访问用户和密码以及所链接数据库的相关 jar 包等配置信息，如图 5—6 所示。

图 5—5　Database Explorer 配置项

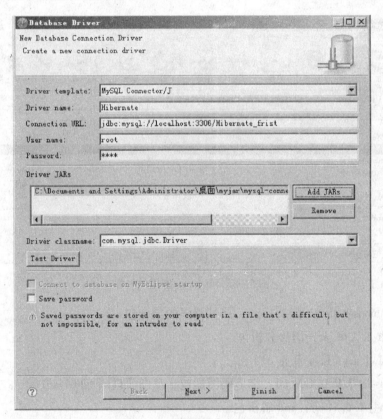

图 5—6　数据库相关连接配置

（4）在 DB Browser 中打开 connection 连接，测试配置是否成功，如图 5—7 所示。

2. 下载相关 jar 包

读者可登录 http://www.hibernate.org 站点，下载需要的 Hibernate 版本，本书不做详

细介绍。本书使用的版本为 Hibernate 3.3.2GA，本书将基于此版本介绍 Hibernate 的特性和应用。解压后的目录结构如图 5—8 所示。

在 Hibernate 3.3.2GA 文件夹中，根目录下存放着 Hibernate 的核心 jar 包——hibernate3.jar，Hibernate 自身的接口和实现类都在这个 jar 包中。

在 lib 文件夹下有 required 文件夹，放置了在运行 Hibernate 框架时会调用的相关 jar 包，其中核心 jar 包分析如下：

图 5—7 DB Browser 配置

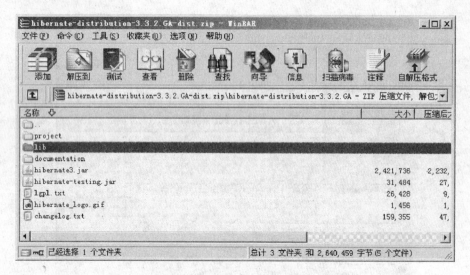

图 5—8 Hibernate 解压包内容

（1）commons-collections-3.1.jar：属性增强的集合包。

（2）antlr-2.7.6.jar：语法分析包。

（3）jta-1.1.jar：Java 事务 API 包。

（4）javassist-3.9.0.GA.jar：字节码增加包，动态代理（cglib.jar）。

（5）dom4j-1.6.1.jar：xml 解析包。

（6）slf4j-api-1.5.8.jar：通用日志包。

3. 建立项目并部署 jar 包

在 MyEclipse 中新建 Java Project 或 Web Project，并命名为 Hibernate_first。将 Hibernate 解压目录中的核心 jar 包 hibernate3.jar 和 lib 文件夹下 required 文件夹中的 antlr-

2.7.6.jar、commons-collections-3.1.jar、slf4j-api-1.5.8.jar、jta-1.1.jar、javassist-3.9.0.GA.jar 以及 dom4j-1.6.1.jar 包，通过 MyEclipse 自动部署到工程引用类库中（相当于将 jar 包添加到系统的 classpath 环境变量里）。

此外，还需要加载 MySQL 数据库驱动：mysql-connector-java-5.0.4-bin.jar。同时，为了能够查看项目日志以及查看控制台信息，需要引入 log4j 日志包（log4j-1.2.15.jar）以及通用日志转 log4j 日志包（slf4j-log4j12-1.5.2.jar），slf4j 接口以 log4j 形式实现，如图 5—9 所示。

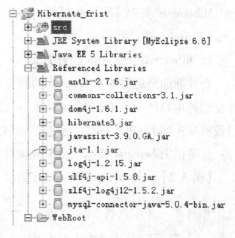

图 5—9　Hibernate_first 项目 jar 引入

> **特别提示**
>
> 不要将 Hibernate 解压目录中 lib 文件夹下的所有 jar 包均复制到 Web 工程的 WEB－INF/lib 目录下，因为并非所有的 jar 都被需要，甚至有些 jar 包之间还会产生冲突导致项目无法正确运行，因此，推荐初学者只加载必须要加载的 jar。

至此，相关 Hibernate 项目的开发准备工作完成。

第 3 节　Hibernate 的配置文件

Hibernate 在使用过程中提供了很多类，但是并不是都常用，最核心的就是关于整体数据库的配置文件和相关核心类及接口。

一、核心配置文件

Hibernate 要求所有使用该框架的开发人员必须将数据库的连接信息等放到一个配置文件中去。该文件用于设置数据库的基本信息、数据库的 URL、用户名和密码、驱动信息等。这样不仅有利于项目的实施，而且降低了项目的风险，当数据库连接信息发生变化时，如对用户名、密码进行更改，甚至更换后台数据库管理软件，只需要修改配置文件中的连接信息即可，非常方便。

Hibernate 支持两个格式的配置文件：hibernate.properties（不常用）和 hibernate.cfg.xml（建议使用）。

1. hibernate.cfg.xml 配置方式

查找前面所提供的 Hibernate 的源文件 jar 包，将默认文件名为 hibernate.cfg.xml 的文件复制到项目的 ClassPath 的根下（src 目录下）。此文件是 Hibernate 的核心配置文件，项目数据库访问和 ORM 映射关系都是通过该文件中配置的内容进行导向的。

这里以 Hibernate_first 项目配置文件为例，详细介绍 hibernate.cfg.xml 配置文件。

【例5.2】 Hibernate.cfg.xml 配置文件代码如下：

```xml
<!--声明解析 XMl 文件的 DTD 文档位置-->
<!DOCTYPE hibernate-configuration PUBLIC
    "-//Hibernate/Hibernate Configuration DTD 3.0//EN"
    "http://hibernate.sourceforge.net/hibernate-configuration-3.0.dtd">
<!--Hibernate 配置文件的开始-->
<hibernate-configuration>
    <!-- SessionFactory 配置开始,SessionFactory 负责保存 Hibernate 的配置信息以及对 Session 的操作 -->
    <session-factory>
        <!-- 配置 MySQL 数据库连接串 -->
        <property name="hibernate.connection.url">
            jdbc:mysql://localhost:3036/hibernate_first
        </property>
        <!-- 配置 MySQL 数据库 JDBC 驱动 -->
        <property name="hibernate.connection.driver_class">
            com.mysql.jdbc.Driver
        </property>
        <!-- 配置 MySQL 数据库连接用户名 -->
        <property name="hibernate.connection.username">Root</property>
        <!-- 配置 MySQL 数据库连接用户密码 -->
```

```xml
        <property name="hibernate.connection.password">root</property>
        <!--数据库方言,每个数据库管理系统都有其对应的Dialect以匹配其平台特性-->
        <property name="hibernate.dialect">
    org.hibernate.dialect.MySQLDialect
    </property>
        <!--是否将运行期生成的SQL输出到日志以供调试-->
        <property name="hibernate.show_sql">true</property>
        <!-- 实体类导出至数据库时,根据表是否存在,按照参数进行处理:
            hibernate.hbm2ddl.auto有四个参数(create-drop、create、update、validate)     -->
        <property name="hibernate.hbm2ddl.auto">update</property>
        <!-- 配置实体类映射文件配置,位于所有property之后,映射文件要求为完整路径,目录之间使用/隔开 -->
        <mapping resource="com/hibernate/entity/User.hbm.xml"/>
    </session-factory>
</hibernate-configuration>
```

Hibernate配置文件中有很多常量选项,Hibernate为大多数选项设置了一个合理的默认值,所以只需要修改需要定制的一部分选项即可。表5—2中对hibernate.cfg.xml文件的常用配置属性进行了介绍。

表5—2   hibernate.cfg.xml常用参数表

属性名	含义	参数
hibernate.connection.driver_class	指定数据库的JDBC驱动类	驱动类名
hibernate.connection.url	指定JDBC连接数据库的URL	URL
hibernate.connection.username	指定连接数据库的用户名	用户名
hibernate.connection.password	指定连接数据库的密码	密码

续表

属性名	含义	参数
hibernate.show_sql	将以日志的形式输出所执行的SQL语句，用于跟踪和调试基于Hibernate的应用	true 或 false
hibernate.format_sql	是否格式化输出的SQL语句	true 或 false
hibernate.hbm2ddl.auto	实体类导出至数据库时，已存在表的处理方式	create-drop、create、update、validate
hibernate.dialect	指定数据库的方言	数据库方言配置各不相同
hibernate.default_catalog	在生成的SQL语句中，将默认的catalog加到表名上	catalog 值
hibernate.connection.pool_size	设置连接池的最大容量	整型数据
hibernate.connection.autocommit	设置是否启用数据库事务的自动提交	true 或 false
hibernate.max_fetch_depth	为单向关联的一对一和多对一的外连接抓取（outer join fetch）设置最大深度，数值为0将关闭默认的外连接抓取	推荐数值为0~3
hibernate.default_batch_fetch_size	设置关联的批量抓取数量	建议值4、8、16
hibernate.default_entity_mode	指定默认的持久化实体表现形式	dynamic-map、POJO 或 dom4j
hibernate.order_updates	强制 Hibernate 按照被更新数据的主键，为SQL更新排序，可以减少在高并发系统中事务的死锁概率	true 或 false
hibernate.generate_statistics	是否激活收集性能调节的统计数据	true 或 false
hibernate.order_updates	用主键值对要更新的字段进行排序	true 或 false
Hibernate.user_indentifer_rollback	若设置为true，如果表中的所有数据被删除，主键标识符将被重置	true 或 false
hibernate.use_sql_comments	是否生成有助于调试的注释信息	true 或 false

特别提示

针对 hibernate.hbm2ddl.auto 中的 create 参数，如果数据库中表已经建立，切记关闭这个属性，否则会重新创建表，并且会清除所有数据。

为了让 Hibernate 能够处理 User 对象的持久化，需要将它的映射信息加入到 Hibernate 中，加入的方法很简单，在 Hibernate 配置文件中加入 <mapping> 元素，将相关实体类的映射文件引入到配置文件中，当配置文件解析时，自动将实体类和数据表进行关联。

resource 属性指定了对应的映射文件的位置和名称。具体示例代码如下：

```xml
<!--配置实体类映射文件配置,位于所有property之后,映射文件要求为完整路径,目录之前使用/隔开 -->
<mapping resource="com/hibernate/entity/User.hbm.xml"/>
```

在 hibernate.cfg.xml 中，可使用 connection.datasource 属性来配置连接池，例如配置 c3p0 连接池的主要代码如下：

```xml
<!--设定最小连接数 -->
<!--假定现在有10个用户去访问,这时直接就可以创建连接 -->
<property name="c3p0.min_size">20</property>
<!--设定最大连接数 -->
<!--假定现在有15个用户去访问,现在是创建多个连接;如果超过30个,则会等待其他用户释放连接 -->
<property name="c3p0.max_size">30</property>
<!--设定延迟所允许的时间(ms) -->
<property name="c3p0.timeout">1800</property>
<!--设定缓存所允许的最大连接数 -->
<property name="c3p0.max_statements">50</property>
<!--在连接有效之前,空闲时间是多少(ms) -->
<property name="c3p0.idle_test_period">100</property>
<!--指定0到多个hbm.xml映射文件 -->
```

2. hibernate.properties 配置文件

hibernate.properties 配置文件需要放置在当前项目的 ClassPath 路径中，例如一个 SQL Server 数据库的 hibernate.properties 配置文件代码如下：

```
    hibernate.dialect
org.hibernate.dialect.SQLServerDialect
    hibernate.connection.driver_class
com.microsoft.jdbc.sqlserver.SQLServerDriver
    hibernate.connection.url
jdbc:microsoft:sqlserver://localhost:1433;Database=test
    hibernate.connection.username    sa
    hibernate.connection.password    123
```

二、映射配置文件

Hibernate 是非常优秀、成熟的 ORM 框架,提供强大的对象和关系数据库映射以及查询功能。Hibernate 是面向对象的程序设计语言和关系型数据库之间的桥梁,允许开发者采用面向对象的方式来操作关系数据库。

Hibernate 的本质就是对象/关系映射。ORM 指在单个组件中负责所有实体域对象的持久化,封装数据访问细节。

这个映射文档被设计为易读的,并且可以手工修改,Hibernate 会通过这些配置文件来生成对应的 SQL 语句。

1. Hibernate 映射类型

Java 有自己的数据类型(如 int、String 等),各种不同的数据库也有自己的类型(如 MS SQL Server 的 integer、char 等),为了在 Java 和数据库之间建立起桥梁,Hibernate 设置了自己的映射类型。

Hibernate 映射类型提供了 Java 基本数据类型到数据库数据类型的转换,三者的映射关系见表 5—3。

表 5—3　　　　Java、Hibernate、SQL 三种数据类型的对应关系

Java 类型	Hibernate 映射类型	标准 SQL 类型
int 或 java.lang.Integer	integer	INTEGER
long 或 java.lang.Long	long	BIGINT
short 或 java.lang.Short	short	SMALLINT
float 或 java.lang.Float	float	FLOAT
double 或 java.lang.double	double	DOUBLE
java.math.BigDecimal	big_decimal	NUMERIC

续表

Java 类型	Hibernate 映射类型	标准 SQL 类型
java.lang.String	character	CHAR(1)
java.lang.String	string	VARCHAR
java.lang.Byte	byte	TINYINT
boolean 或 java.lang.Boolean	boolean	BIT
boolean 或 java.lang.Boolean	yes_no	CHAR(1)('Y' or 'N')
boolean 或 java.lang.Boolean	true_false	CHAR(1)('Y' or 'N')
java.util.Date 或 java.sql.Date	date	DATE
java.util.Date 或 java.sql.Time	time	TIME
java.util.Date 或 java.sql.Timestamp	timestamp	TIMESTAMP
java.util.Calendar	calendar	TIMESTAMP
java.util.Calendar	calendar_date	DATE
byte[]	binary	VARBINARY(or BLOB)
java.lang.String	text	CLOB
java.io.Serializable	serializable	VARBINARY(or BLOB)
java.sql.Clob	clob	CLOB
java.sql.Blob	blob	BLOB

2. 实体关系映射文件配置

ORM 映射文件是将对象和关系数据库关联起来的纽带，在 Hibernate 中，主要采用 xml 格式的文件来制定对象到关系数据库表之间的映射。映射文件通常是以".hbm.xml"为扩展名。

映射文件一般以持久化类为基础，将持久化类中出现的属性在映射文件中体现出来，持久化类只存储了对象的数据，映射文件将改变持久化类的动作方式。实体映射的核心内容是实体类与数据表之间的映射定义。

在这一小节中，以前面所设计的用户实体类（User.java）和用户信息表（TB_User）之间的关联关系为例。

首先，需要对之前定义过的用户实体类 User 做修改，添加默认构造方法以及实现 java.io.Serializable 接口。

【例 5.3】 修改后的 User.Java 实体类代码如下：

```java
public class User implements java.io.Serializable {
    private Integer id;
    private String username;
    private String password;
    private Integer age;
    /** default constructor */
    public User(){
    }
public String getUsername(){
    return username;
}
public void setUsername(String username){
    this.username = username;
}
public String getPassword(){
    return password;
}
public void setPassword(String password){
    this.password = password;
}
    /** minimal constructor */
    public User(String username,String userpass){
        this.username = username;
        this.password = password;
    }
public Integer getId(){
    return id;
}
public void setId(Integer id){
    this.id = id;
}
```

```
public Integer getAge(){
    return age;
}
public void setAge(Integer age){
    this.age = age;
}
}
```

创建完实体类后,还需要告诉 Hibernate,该实体类需要映射到数据库中的那个具体的数据表上,以及相关联属性和字段的对应关系。这些都是在映射文件"*.hbm.xml"中进行配置。User.Java 实体类相对应的关系/对象映射文件的配置如下。

【例5.4】 User.hbm.xml 配置文件代码如下:

```xml
<?xml version="1.0" encoding='UTF-8'?>
<!DOCTYPE hibernate-mapping PUBLIC
    "-//Hibernate/Hibernate Mapping DTD 3.0//EN"
"http://hibernate.sourceforge.net/hibernate-mapping-3.0.dtd">
<hibernate-mapping package="com.hibernate.entity">
    <class name="User" table="TB_user">
        <id name="id" column="id" type="java.lang.Integer">
            <generator class="native"/>
        </id>
        <property name="username" column="username" type="java.lang.String" not-null="true"/>
        <property name="password" column="password" type="java.lang.String" not-null="true"/>
        <property name="age" column="age" type="int"></property>
    </class>
</hibernate-mapping>
```

3. 配置文件中相关元素说明

在上述 User.hbm.xml 配置文件中，相关元素说明如下：

（1）DOCTYPE。所有 xml 映射都需要定义如上所示的 DOCTYPE。Hibernate 会去寻找对应的 dtd 文件。这里将查找 Hibernate 包下的 hibernatemapping3.0.dtd 文件。通过该文件，引入 *.hbm.xml 文件中各个元素的定义格式。

Hibernate 总是会先通过它的 ClassPath 搜索 dtd 文件，如果它是通过连接 Internet 查找的 dtd 文件，就对照 ClassPath 目录检查 xml 文件中的 dtd 定义声明。

（2）<hibernate-mapping> 根元素。根元素中包含多个可选属性，具体如下：

```
<hibernate-mapping
schema = "schemaName"
catalog = "catalogName"
default-cascade = "cascade-style"
default-access = "field|property|ClassName"
default-lazy = "true|false"
auto-import = "true|false"
package = "package.name"/>
```

根元素的常用属性含义如下：

1）schema 和 catalog 属性：可选，表明这个映射所连接的表所在数据库的 Schema 或 catalog 名称。

2）default-cascade 属性：可选，默认为 none。指定了未明确注明 cascade 属性的 Java 属性和集合类 Hibernate 会采用什么样的默认级联风格。

3）auto-import 属性：可选，默认为 true。在查询语言中可以使用非全限定名的类名。

4）default-lazy 属性：可选，默认为 true。指定了未明确注明 lazy 属性的 Java 属性和集合类，Hibernate 会采用什么样的默认加载风格。

5）package 属性：可选，该属性用于设置包的类名，在默认情况下，hibernate-mapping 的子元素 class 需要提供完整的包名。如果在一个映射文件中包含多个类，并且这些类位于同一个包中，可以设置 <hibernate-mapping> 元素的 package 属性，以避免为每个类提供完整的类名。

（3）class 子元素。对实体关系映射文件 User.hbm.xml 进行分析，其中类和表的映射配置代码如下：

```
<class name = "User" table = "TB_user"    >
```

class 子元素表示类和数据库中的表的映射关系，其中：

name 属性指定类的名称，如果在根元素里指定了 <package> 的话，这里只需要给出类的名称。如果没有指定 <package>，这里需要给出完整的类名（com.hibernate.entity 为包名，User 为类名）。

table 属性指定与类映射的表名。通过映射，类对应于数据库中的表，类的实例对应于表中的记录。

hibernate – mapping 根元素可以有多个或 0 个 class 子元素，class 子元素定义格式如下：

```
<class
name = "ClassName"
  table = "tableName"
discriminator - value = "discriminator_value"
mutable = "true|false"
schema = "owner"
catalog = "catalog"
proxy = "ProxyInterface"
dynamic - update = "true|false"
dynamic - insert = "true|false"
select - before - update = "true|false"
polymorphism = "implicit|explicit"
where = "arbitrary sql where condition"
        persister = "PersisterClass"
batch - size = "N"
optimistic - lock = "none|version|dirty|all"
lazy = "true|false"
entity - name = "EntityName"
check = "arbitrary sql check condition"
rowid = "rowid"
subselect = "SQL expression"
```

```
    abstract = "true |false"
    node = "element - name"
     />
```

class 子元素的常用属性含义如下：

1) name 属性：可选，持久化类（或接口）的 Java 全限定名。如果这个属性不存在，Hibernate 将假定这是一个非 POJO 的实体映射。

2) table 属性：可选，默认是类的非限定名。对应数据库表名，如 TB_ USER。如果省略，则数据表名跟持久化类名称一致。

3) schema 属性：可选，覆盖根元素的 Schema 名字，设置命名空间。例如 test。

4) lazy 属性：可选，通过设置 lazy = "false"，所有的延迟加载（Lazy fetching）功能将被全部禁用。

(4) id 元素。在关系数据库的表中，需要使用主键来识别记录并保持每条记录的唯一性。主键有自然主键与代理主键之分。

自然主键指充当主键的字段本身具有一定的含义，是构成记录的组成部分，如用户的用户编号。

代理主键指充当主键的字段本身不具有业务含义，只起主键作用，如自动增长类型的 ID 号等。在 Hibernate 应用中，推荐使用代理主键。

Hibernate 中主键又叫对象标识符 OID（Object IDentifier），OID 唯一标识一个对象，Hibernate 依靠 OID 来区分不同的持久化对象。对象标识符（OID）和表的主键相对应。

在 Hibernate 映射文件中，主键配置 <id> 标签必须配置在 <class> 标签内的第一个位置。有的生成器会实现 net. sf. hibernate. id. IdentifierGenerator 接口，由一个字段构成主键，如果是复杂主键 <composite - id> 标签被映射的类必须定义对应数据库表主键字段。

<id> 元素定义了该属性到数据库表主键字段的映射。<id> 元素定义代码如下：

```
    <id
        name = "propertyName"
        type = "typename"
        column = "column_name"

unsaved -value = "null |any |none |undefined |id_value"
        access = "field |property |ClassName"
```

```
node = "element-name|@attribute-name|element/@attribute|.">
        <generator class = "generatorClass"/>
</id>
```

常用的属性如下所示：

1）name 属性：可选，标识属性的名字（实体类的属性）。

2）type 属性：可选，标识 Hibernate 类型的名字（省略则使用 Hibernate 默认类型），也可以自己配置其他 Hibernate 类型（integer, long, short, float, double, character, byte, boolean, yes_no, true_false）。

3）length 属性：可选，当 type 为 varchar 时，设置该字段的长度。

4）column 属性：可选，主键字段的名字（省略则取 name 属性值）。

5）unsaved-value 属性：可选，默认为一个切合实际（sensible）的值。一个特定的标识属性值，用来标志该实例是刚刚创建的，尚未保存。这可以把这种实例和从以前的 session 中装载过但未再次持久化的实例区分开来。

6）access 属性：可选，默认为 property。Hibernate 用来访问属性值的策略。

特别提示

<id>元素中如果没有 name 属性，则会认为该类没有标识属性。

还有一个另外的<composite-id>定义可以访问旧式的多主键数据。本书强烈不建议使用这种方式。

在映射文件 User.hbm.xml 中，主键映射的代码如下：

```
<id name = "id" type = "integer">
    <column name = "id"/>
    <generator class = "native"></generator>
</id>
```

其中，id 表示主键映射；name 属性指定类中哪个属性作为 OID；type 属性指定 Hibernate 的映射类型；column 属性表示数据表中主键字段的名字。

（5）<generator>元素（主键生成策略）。主键生成策略是必须配置的。用来为该持久化类的实例生成唯一的标识。如果这个生成器实例需要某些配置值或者初始化参数,用<param>元素来传递。

<generator class="XXXX">指定了主键的生成方式。Hibernate 中制定了多种内置主键方式,各种主键生成方式如下:

1) assigned:让应用程序在数据保存 save()之前为对象分配一个标识符,主键值完全由应用程序负责。这是 <generator> 元素没有指定时的默认生成策略(如果是手动分配,则需要设置此配置)。适用于自然主键。

2) identity:使用数据库提供的主键生成机制,自动为主键赋值。对 DB2、MySQL、MS SQL Server、Sybase 和 HypersonicSQL 的内置标识字段提供支持。返回的标识符是 long、short 或者 int 类型的。identity 方式与底层数据库相关,不便于不同数据库之间的移植,数据库必须支持自动增长字段类型。适用于代理主键。

3) hilo:使用一个高/低位算法高效地生成 long、short 或者 int 类型的标识符。给定一个表和字段(默认分别是 hibernate_unique_key 和 next_hi)作为高位值的来源。Hibernate 根据 high/low 算法来生成标识符,需要一个表来保存额外的主键信息,这样生成的标识符只在特定的数据库中是唯一的。

4) sequence:在 DB2、Postgre SQL、Oracle、SAP DB、McKoi 中使用序列(sequence),而在 Interbase 中使用生成器(generator)。返回的标识符是 long、short 或者 int 类型的。Hibernate 根据底层数据库序列来生成标识符,前提条件是底层数据库支持序列(如 Oracle)。适用于代理主键。

5) native:由 Hibernate 根据不同的数据库选择主键的生成方式,如 identity、sequence 或 hilo,这种方式与底层数据库无关,便于不同数据库之间的移植。适用于代理主键。

6) increment:当向数据库中插入新记录时,主键自动增 1。increment 主键生成方式的特点是与底层数据库无关,用于为 long、short 或者 int 类型生成唯一标识。只有在没有其他进程往同一张表中插入数据时才能使用。大部分数据库都支持 increment 生成方式。适用于代理主键。

7) seqhilo:通过一定的算法生成主键,采用给定数据库的 sequence 来生成主键,具有 sequence 方式和 hilo 方式的特点,适用于代理主键。

8) uuid:用一个 128 bit 的 uuid(universal unique identification)算法生成字符串类型的标识符,uuid 算法能够在网络环境中生成一个字符串标识符。在一个网络中是唯一的(使用了 IP 地址)。uuid 被编码为一个 32 位 16 进制数字的字符串,由 Hibernate 生成,一般不会重复。适用于代理主键。

uuid 包含:IP 地址,JVM 的启动时间(精确到 1/4 s),系统时间和一个计数器值

（在 JVM 中唯一）。在 Java 代码中不可能获得 MAC 地址或者内存地址，这是在不使用 JNI 的前提下的能做的最好实现。

选用 Hibernate 内置的标识生成器时，应根据所选用的数据库产品而定。若数据库产品为 MySQL 或 MS SQL Server，则优先考虑 identity 生成器；若是 Oracle 则可优先考虑 sequence 生成器；若想提高应用的可移植性，开发跨平台的应用则可选用 native 生成器。

（6）<property>元素。<property>元素用于配置某个属性。<property>元素也称字段映射，即将映射类型与数据库表的字段相关，一般包含对象的属性名、数据表的字段名和数据类型。用于映射普通属性到表字段。

其定义代码如下：

```
<property>元素为类定义了一个持久化的,JavaBean 风格的属性。
<property
        name = "propertyName"
        column = "column_name"
        type = "typename"
        update = "true|false"
        insert = "true|false"
        formula = "arbitrary SQL expression"
        access = "field|property|ClassName"
        lazy = "true|false"
        unique = "true|false"
        not-null = "true|false"
        optimistic-lock = "true|false"
        generated = "never|insert|always"

node = "element-name|@attribute-name|element/@attribute|."
        index = "index_name"
        unique_key = "unique_key_id"
        length = "L"
        precision = "P"
        scale = "S"
/>
```

常用属性含义如下：

1）name 属性：实体类属性的名字，以小写字母开头。

2）column 属性：可选，对应的数据库字段名。也可以通过嵌套的 <column> 元素指定（如果省略则使用 name 所指定的名称为字段名）。

3）type 属性：可选，一个 Hibernate 类型的名字（省略则使用 Hibernate 默认类型），也可以配置其他 Hibernate 类型。

4）update 和 insert 属性：可选，默认都为 true。表明用于 update 或 insert 的 SQL 语句中是否包含这个被映射了的字段。若为 false，在 insert 或 update 语句中不包含该字段，该字段永远不能被插入或更新。

5）access 属性：可选，默认值为 property，是 Hibernate 用来访问属性值的策略。该属性用来控制 Hibernate 如何在运行时访问属性。在默认情况下，Hibernate 会使用属性的 get/set 方法。如果指明 access = "field"，Hibernate 会忽略 get/set 方法，直接使用反射来访问成员变量。也可以指定需要的策略，但这就需要自己实现 org.hibernate.property.PropertyAccessor 接口，再在 access 中设置自定义策略类的名字。

6）lazy 属性：可选，默认为 false。指定是否采用延迟加载。当 class 的 lazy 设成 true 的时候，property 的 lazy 属性是没有作用的，都只能是延迟加载。但是当 class 的 lazy 设成 false 的时候，在加载的时候，如果 property 的 lazy 属性设成 true 的属性就不会写进 select 的语句，只有在第一次访问该对象的这个属性的时候，才会执行相应的 select 的语句取得这个属性的值。

7）unique 属性：使用 DDL 为该字段添加唯一的约束。同样，允许它作为 property - ref 引用的目标。

8）not - null 属性：可选，使用 DDL 为该字段添加可否为空（nullability）的约束。

9）length 属性：可选，当 type 为 varchar 时，设置字段长度。

10）optimistic - lock 属性：可选，默认为 true。指定这个属性在做更新时是否需要获得乐观锁定（optimistic lock）。换句话说，它决定这个属性发生脏数据时（version）的值是否增长。

11）generated 属性：可选，默认为 never。表明此属性值是否实际上是由数据库生成的。

例如，在映射文件 User.hbm.xml 中，userName 和 passWord 字段映射的代码如下所示：

```
<property name = "userName" type = "string" >
    <column name = "name" length = "50" not - null = "true"/>
</property>
```

```
<property name = "password" type = "string" >
    <column name = "password" length = "50" not - null = "true"/>
</property>
```

<property> 元素的 name 属性值为持久化类中的成员属性，type 属性指定该成员属性的数据类型。<column> 元素的 name 属性指定持久化类的成员属性在数据库表中对应的字段名，length 和 not - null 属性分别表示字段的最大长度和非空属性。

通过实体关系映射文件 User.hbm.xml，可以将实体类 User.java 和库表 TB_User 进行关联，详细设计了类中属性和该表的字段的关联关系。因此，Hibernate 可根据此配置文件，完成 User 实体到数据库表 TB_User 的增、删、改、查等操作。

三、Hibernate 操作步骤和核心类

在为工程添加好 Hibernate 支持以及相关配置后，即可使用 Hibernate 操作数据库。在使用 Hibernate 操作数据库时需要应用到 Hibernate 的一些接口类。

Hibernate 的核心接口类一共有 5 个，分别为：SessionFactory、Session、Transaction、Query 和 Configuration。这 5 个核心接口类一般在开发中都会用到，通过这些接口，不仅可以对持久化对象进行存取，还能够进行事务控制。

第一步：利用 Configuration 接口类读取并解析配置文件。

Configuration 类是 Hibernate 的入口，该类负责管理 Hibernate 的配置信息并启动 Hibernate。一个 Configuration 类的实例代表了项目中 Java 类到数据库的映射集合。通常只是创建一个 Configuration 类，并通过它创建 SessionFactory 实例对象，把读入的配置信息复制到 SessionFactory 对象的缓存中。

Hibernate 运行时需要获取一些底层实现的基本信息，其中几个关键属性为：数据库的 URL、用户名、密码、JDBC 驱动类，数据库 dialect，数据库连接池等。

此外，需要获取持久化类与数据表的映射关系（*.hbm.xml 文件），映射关系将在下一节进行具体介绍。

利用 Configuration 读取并解析配置文件的两种方式：

- 属性文件（hibernate.properties）

```
Configuration cfg = new Configuration();
```

- xml 文件（hibernate.cfg.xml）

加载默认名称的配置文件（hibernate.cfg.xml）

```
Configuration cfg = new Configuration().configure();
```

如果配置文件进行过修改，则加载指定名称的配置文件：

```
Configuration cfg = new Configuration()
                    .configure("myhibernate.cfg.xml");
```

第二步：读取并解析映射文件，利用 SessionFactory 接口类创建 SessionFactory。

Configuration 对象根据当前的配置信息生成 SessionFactory 对象。SessionFactory 对象一旦构造完毕，即被赋予特定的配置信息（SessionFactory 对象中保存了当前的数据库配置信息和所有映射关系以及预定义的 SQL 语句）。一个 SessionFactory 实例对应一个数据存储源。

SessionFactory 接口使用了工厂设计模式，通过 SessionFactory 对象可以获取 Session 对象。应用程序从 SessionFactory（会话工厂）那里获得 Session（会话）实例。

SessionFactory 是线程安全的，可以被多个线程调用以取得 Session 对象。构造 SessionFactory 很消耗资源，通常情况下，整个应用只有唯一的一个 SessionFactory，一般在应用初始化时被创建。然而，如果使用 Hibernate 访问多个数据库，需要对每一个数据库使用一个 SessionFactory。

```
SessionFactory sessionFactory =
config.buildSessionFactory();
```

SessionFactory 以缓存方式保存了生成的 SQL 语句和 Hibernate 在运行时使用的映射元数据，还保存了在一个工作单元中读入的数据并且可能在以后的工作单元中被重用（只有类和集合映射指定了使用这种二级缓存时才会如此）。

第三步：打开 Session。

Session 接口是 Hibernate 中使用最多的核心接口。Session 不是线程安全的，一个 Session 对象最好只由一个线程来使用，它代表应用程序与数据库之间的一次操作或一个业务，是 Hibernate 技术的核心。

所有持久化对象必须在 Session 的管理下才可以进行持久化操作。持久化对象的生命周期、事务的管理和持久化对象的查询、更新和删除都是通过 Session 对象来完成的。Hibernate 在操作数据库之前必须先取得 Session 对象。

Session 通过 SessionFactory 打开，在所有的工作完成后，需要关闭 Session。Session 的

概念介于 Connection 和 Transaction 之间。可以简单地认为它是已经装载对象的缓存或集合的一个独立工作单元。打开 Session 方式的代码实例如下：

```
Session session = sessionFactory.openSession();
或 Session session = sessionFactory.getCurrentSession();
```

Session 作为贯穿 Hibernate 的持久化管理器核心，提供了 save、load、delete、update 等方法完成持久层操作，这些将在本章第 4 节中进行详细介绍。

特别提示

Hibernate 的 Session 不是 Java Web 应用中的 HttpSession 接口。

Hibernate 提供了 HibernateSessionFactory 的工具类，来帮助管理 SessionFactory 和 Session。

【例5.5】 HibernateSessionFactory 工具类

```
package com.hibernate.test;
import org.hibernate.HibernateException;
import org.hibernate.Session;
import org.hibernate.cfg.Configuration;
public class HibernateSessionFactory {
    private static String CONFIG_FILE_LOCATION = "/hibernate.cfg.xml";
    private static final ThreadLocal<Session> threadLocal = new ThreadLocal<Session>();
    private static Configuration configuration = new Configuration();
    private static org.hibernate.SessionFactory SessionFactory;
    private static String configFile = CONFIG_FILE_LOCATION;
    private HibernateSessionFactory(){
    }
    public static Session getSession()throws HibernateException{
        Session session = (Session)threadLocal.get();
```

```java
        if(session = =null ||! session.isOpen()){
            if(sessionFactory = =null){
                rebuildSessionFactory();
            }
            session = (sessionFactory ! = null)? sessionFactory.openSession()
                : null;
            threadLocal.set(session);
        }
        return session;
    }
    public static void rebuildSessionFactory(){
        try {
            configuration.configure(configFile);
            sessionFactory = configuration.buildSessionFactory();
        } catch(Exception e){
            System.err
                .println( "%%%% Error Creating SessionFactory %%%% ");
            e.printStackTrace();
        }
    }
    public static void closeSession()throws HibernateException {
        Session session = (Session)threadLocal.get();
        threadLocal.set(null);
        if(session ! =null){
            session.close();
        }
    }
    public static org.hibernate.SessionFactory getSessionFactory(){
```

```
        return sessionFactory;
    }
    public static void setConfigFile(String configFile){
        HibernateSessionFactory.configFile = configFile;
        sessionFactory = null;
    }
    public static Configuration getConfiguration(){
        return configuration;
    }
}
```

第四步：利用 Transaction 接口类开启一个事务

Transaction 接口是 Hibernate 的数据库事务接口，它对底层的事务接口做了封装，底层事务接口包括：JDBC API、JTA（Java Transaction API）、CORBA（Common Object Requet Broker Architecture）API。

Hibernate 应用可通过一致的 Transaction 接口来声明事务边界，这有助于应用在不同的环境容器中移植。尽管应用也可以绕过 Transaction 接口，直接访问底层的事务接口，但本书不推荐这种方法，因为它不利于应用在不同的环境中进行移植。

```
Transaction Tx = session.beginTransaction();
```

Transaction 接口类常用方法如下：
- commit（）：提交相关联的 Session 实例。
- rollback（）：撤销事务操作。
- wasCommitted（）：检查事务是否提交。

第五步：进行数据库操作。

提供访问数据库的操作的接口，主要有：Session、Transaction、Query 和 Criteria 接口。

例如，执行保存到数据库的操作：

```
Session.save(User);
```

Query 和 Criteria 接口负责 Hibernate 的查询操作。Query 实例封装了一个 HQL（Hibernate Query Language）查询语句，HQL 是面向对象的，其操作的是持久化类的类名和该类的属性名。Criteria 实例完全封装了字符串形式的查询语句，比 Query 实例更为面向对象，更适合于执行动态查询。

在查询的情况下，可通过 Session 对象生成一个 Query 对象，然后利用 Query 对象执行查询操作。

第六步：提交事务（回滚事务）。

应用到 Transaction 接口中的 commit（）和 rollback（）方法。实例代码如下：

```
Tx.commit();(Tx.rollback())
```

第七步：关闭 Session。

当所有工作完成后，需要关闭 Session。实例代码如下：

```
Session.close()
```

> **特别提示**
>
> 在 Hibernate 配置文件中，current_session_context_class 参数设置为 thread 并且采用 SessionFactory 的 getCurrentSession（）方法获得 Session 实例则不需要第七步。

Hibernate 运行过程示意图如图 5—10 所示。

使用 Hibernate 操作数据库，将一个 User 实例对象存入到数据库中的代码如下所示。

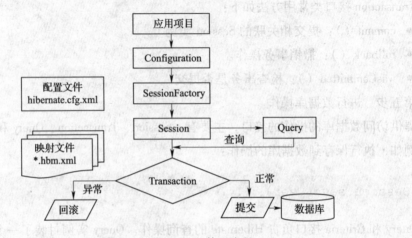

图 5—10 Hibernate 核心流程

【例 5.6】 测试类 hibTest.java 代码如下：

```java
import org.hibernate.Session;
import org.hibernate.SessionFactory;
import org.hibernate.Transaction;
import org.hibernate.cfg.Configuration;
import com.hibernate.entity.User;
public class HibTest {
    /**
     * @param args
     */
    public static void main(String[] args){
        new HibTest().testAdd();
    }
    public void testAdd(){
        //1.Configuration
        Configuration conf = new Configuration().configure();
        //2.SessionFactory
        SessionFactory sf = conf.buildSessionFactory();
        //3.Session
        Session session = sf.openSession();
        //4.开始一个事物
        Transaction tx = session.beginTransaction();
        //5.持久化操作
        User user = new User();
        user.setUsername("张三");
        user.setPassword("123456");
        session.save(user);
        //6.提交事物
        tx.commit();
        //7.关闭Session
        session.close();
    }
}
```

第4节 Hibernate 中的对象

Session 接口是 Hibernate 向应用程序提供的操作数据库的最核心接口。它提供了基本的保存、更新、删除和查询方法。Session 具有一个缓存,位于缓存中的对象处于持久化状态,与数据库的相关记录项相对应。Session 能够在特定时间,按照缓存中持久化对象的属性变化来同步更新数据库。

一、对象生命周期

当应用程序通过 new 语句创建了一个对象,这个对象的生命周期就开始了。当不再有任何变量引用它时,这个对象就将结束生命周期,它所占用的内存将被 JVM(Java 虚拟机)的垃圾处理程序回收。

对数据库记录进行操作时,最常见的操作有查询、添加、修改和删除等。使用 Hibernate 操作数据库记录(及数据对象)时,这些对象需要使用 Session() 按照对象状态来同步更新数据操作。

Hibernate 中的对象在整个生命周期中有 4 种状态,这 4 种状态是指对象的属性表示的数据:

- 临时状态对象(Transient Objects)。
- 持久状态对象(Persistent Objects)。
- 游离状态对象(Detached Objects)。
- 删除状态对象(Removed Objects)。

如图 5—11 所示对象状态转换图描述了四个对象之间的关系,以及它们之间是如何进行状态转换的。Session() 的特定方法能使对象从一个状态转换到另一个状态。

1. 临时状态对象

对于保存在内存中的程序数据,当程序退出后,数据就消失了,称这种程序数据处于临时状态。

当用 new 语句创建一个 Java 实体对象时,如:

```
User user = new User();
```

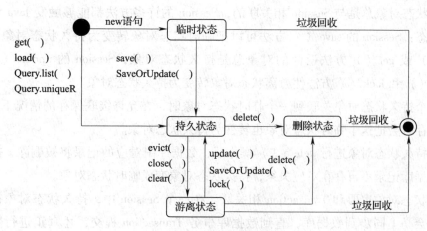

图 5—11 对象状态转换图

这个 User 对象处于临时状态，即这个对象只存在于保存临时数据的内存区域。如果没有变量对该对象进行引用，则该对象会被 JVM 垃圾回收机制回收。

处于临时状态的对象在内存中是孤立的，这个对象所保存的数据与数据库没有任何关系，除非通过 Session 的 save（）或者 SaveOrUpdate（）把临时对象与数据库相关联，并把数据插入或者更新到数据库，这个对象才转换为持久状态对象，并拥有和数据库相同的"id"字段。

Session 的 delete（）方法能够使一个持久状态对象或游离状态对象转变为临时状态对象：对于游离状态对象，delete（）从数据库中删除与之相对应的记录；对于持久状态对象，delete（）从数据库中删除与之相对应的记录，并且把其从 Session 的缓存中删除。

临时状态对象具有如下特点：
- 在使用代理主键的情况下，持久化标识（OID）通常为 null。
- 不处于 Session 的缓存中。
- 在数据库中没有对应的记录。

2. 持久状态对象

处于持久状态的对象在数据库中具有对应的记录，并拥有一个持久化标识（OID）。若这两个条件都不满足，该对象将变成临时状态对象。

持久状态对象可以是刚被保存的，或者是刚被加载的，都只是在相关联的 Session 声明周期中保存这个状态。例如，直接访问数据库查询所返回的数据对象，则这些对象都与数据库中的字段相关联，具有相同的 id 字段，它们马上就变为持久状态对象。如果一个临时状态对象被持久状态对象引用，它也自动变为持久状态对象。

持久状态对象总是与 Session 相关联的，Session 的许多方法都能够触发 Java 对象进入持久化状态：Session 的 save（）方法可以把临时状态对象转变为持久状态对象；Session 的 load（）或 get（）方法返回的对象总是持久状态对象；Session 的 update（）、SaveOrUpdate（）和 lock（）方法使游离状态对象转变为持久状态对象。

当一个持久状态对象关联到一个临时状态对象时，在允许级联保存的情况下，Session 在清理缓存时会把这个临时状态对象也转变为持久状态对象。

如对持久状态对象进行 delete（）操作后，数据库中对应的记录将被删除，持久状态对象与数据库记录不再存在对应关系，持久状态对象变成临时状态对象。

持久状态对象也要和 Transaction 相关联。在一个 Session 中，持久状态对象被修改变更后，不会马上同步到数据库，直到数据库事务 Transaction 提交，才真正进行数据库更新，这样就完成了持久状态对象和数据库的同步。

持久状态对象具有如下特点：

- 持久化标识（OID）不为 null。
- 位于 Session 缓存中。
- 持久状态对象和数据库中的相关记录相对应。
- Session 在清理缓存时，会根据持久状态对象的属性变化，来同步更新数据库。
- 在同一个 Session 实例的缓存中，数据库表中的每条记录只对应唯一的持久状态对象。

3. 游离状态对象

当与某持久状态对象关联的 Session 被关闭时，如当 Session 进行了 close（）、clear（）或者 evict（）操作后，Session 的缓存被清空，持久状态对象虽然可能拥有持久化标识符和与数据库对应记录一致的值，但是因为会话已经消失，对象不在持久化管理之内，所以处于游离状态（也叫"脱管状态"），变成了游离状态对象。

可以继续对这个对象进行修改，如游离状态对象被重新关联到某个新的 Session 上，会在此后转变成持久状态对象。

游离状态对象具有如下特点：

- 游离状态对象与临时状态对象十分相似，两者都不被 Session 关联。两者的区别在于：游离状态对象是由持久状态对象转变过来的，因此还含有持久化标识，OID 不为 null，而临时状态对象则什么都没有。
- 游离状态对象不再处于 Session 的缓存中，如果没有任何变量引用它，JVM 会在适当的时候将其回收。
- 一般情况下，游离状态对象可以通过 update（）、SaveOrUpdate（）等方法，再次与持久层关联。游离状态对象是由持久状态对象转变过来的,因此在数据库中可能还存在与它相对应的记录。

4. 删除状态对象

当调用 Session 的 close() 方法后,Session 缓存被清空,缓存中的所有持久状态对象变成了游离状态对象,如果在应用程序中没有变量再次引用这些对象,它们将会结束生命周期。

二、Session 会话

1. Session 的概念

Session 是 Hibernate 中应用最频繁的接口,也被称为持久化管理器,它负责所有的持久化工作,管理持久状态对象的生命周期,提供了基本的保存、更新、删除和查询操作,提供第一级别的高级缓存,来保证持久状态对象的数据与数据库同步。

Hibernate 在对数据库进行操作之前,必须先取得 Session 实例,相当于 JDBC 在对数据库操作之前,必须先取得 Connection 实例,Session 是 Hibernate 操作的基础,它不是线性安全的(Thread-safe),一个 Session 由一个线程来使用。Hibernate 会话与 Web 层的 Http-Session 没有任何关系。

2. Session 的特点

(1) 单线程,非共享的对象。线程不安全,在设置软件架构时,应该避免多个线程共享一个 Session 实例。

(2) Session 实例是轻量级的,它的创建和销毁不需要消耗太多的资源,可以为每次请求分配一个 Session 实例,在每次请求过程中及时创建和销毁 Session 实例。

(3) Session 有一个缓存,它存放当前工作单元加载的对象,Session 缓存被称为 Hibernate 第一级缓存。

3. 管理 Session

(1) 管理 Session 对象的方法。尽管让程序自主管理 Session 对象的生命周期也是可行的,但是在实际 Java 应用中,把管理 Session 对象的生命周期交给 Hibernate 管理,可以简化 Java 应用程序代码和软件架构。Hibernate 自身提供了三种管理 Session 对象的方法,分别是:

1) Session 对象的生命周期与本地线程绑定。

2) Session 对象的生命周期与 JTA 事务绑定。

3) Hibernate 委托程序管理 Session 对象的生命周期。

(2) 在 Hibernate 的配置文件中,使用 hibernate.current_session_context_class 属性

指定 Session 管理方式，可选值包括：

1) thread：Session 对象的生命周期与本地线程绑定。

2) jta：Session 对象的生命周期与 JTA 事务绑定。

3) managed：Hibernate 委托程序来管理 Session 对象的生命周期。

如果把 Hibernate 配置文件的 hibernate.current_session_context_class 属性值设为 thread，Hibernate 就会按照与本地线程绑定的方式来管理 Session：

在 hibernate.cfg.xml 文件中增加

```
<!--配置session的线程本地化 threadLocal -->
<property name="current_session_context_class">thread</property>
```

在打开 Session 会话时，不是调用 sessionFactory.openSession()，而是调用 sessionFactory.getCurrentSession() 获取 Session 对象，从当前的线程提取 Session。

当前线程如果存在 Session 对象，取出直接使用；当前线程如果不存在 Session 对象，获取一个新的 Session 对象和当前的线程绑定。

三、实体对象增删改

1. 增加保存对象操作

当调用 Session 里的 save（object object）方法时，它会完成以下操作持久化给定的临时实例，并返回该实例的对象标识符值，具体步骤如下：

（1）把临时状态对象加入到当前 Session 的缓存中，使它变成持久化对象。

（2）选用映射文件指定的主键生成器为此持久化对象分配唯一的 OID。

（3）计划执行一个 insert 语句，把此持久化对象的当前属性值组装到 insert 语句中，只有当 Session 清理缓存时，才会执行 SQL insert 语句。如果在 save 方法之后修改了持久化对象的属性值，Session 清理缓存时会额外执行 SQL update 语句。

【例 5.7】 保存操作 SaveTest.java 类代码如下：

```
package com.hibernate.test;
import org.hibernate.Session;
import org.hibernate.Transaction;
import com.hibernate.entity.User;
/**
```

* 测试利用 Session 接口的方法保存对象.
*/
public class SaveTest {
  public static void main(String[] args)throws Exception {
      //创建临时状态对象
      User user = new User()
//设置User属性,持久化标识id属性在映射中为自增长,不用设置;

      user.setUsername("王小明");
      user.setPassword("123456");
      //获得 session
      Session session = HibernateSessionFactory.getSession();
      //获得事务
      Transaction ts = session.beginTransaction();
      //调用 Session 接口的 save()方法保存对象
      //将对象从临时态变成持久态,将 User 保存到数据库中作为一条记录
      session.save(user);
      //在提交事务之前,数据并没有保存到数据库中,还是脏数据
      //执行如下这句后,会将数据提交到数据库
      ts.commit();
      //执行完毕后,关闭 Session
      HibernateSessionFactory.closeSession();
      System.out.println("保存成功!");
  }
}

当临时状态对象转变为持久状态对象时,需要自行调用持久化方法（如：session.save()）来执行 SQL。而在持久化状态时,Hibernate 控制器会自动侦测到改动,执行 SQL 同步数据库。如 SaveTest2.java 中核心代码如下所示:

```
    User user = new User();
        //设置对象的属性
    user.setUsername("张浩");
    user.setPassword("123456");
    Session session = HibernateSessionFactory.getSession();
    Transaction ts = session.beginTransaction();
        //调用Session接口的save()方法保存对象,将对象从临时态变成持久态
session.save(user);
        //对持久化的User进行属性的更新,此时将同步数据库,不用调用update
方法,持久状态的User会自动同步数据库
    user.setUsername("李四");
    user.setPassword("7890");
        //在提交事务之前,数据并没有保存到数据库中,还是脏数据
        //执行如下这句后,会将数据提交到数据库
    ts.commit();
        //执行完毕后,关闭Session
    HibernateSessionFactory.closeSession();
    System.out.println("保存成功!");
```

执行上述代码后,会发送两条语句:

```
Hibernate: insert into TB_user(username,password)values(?,?)
Hibernate: updateTB_user set username = ?,password = ? where uid = ?
```

如果在进行save操作时,本来准备存储的是张浩的信息,但是实际存储的是李四的信息,在进行save操作后,还没有关闭Session,这时又设置了新的信息,则会发出update来更新原来的信息。

2. 加载数据 get() 和 load()

在进行数据修改或删除的时候,首先需要加载获得数据库中的数据。Hibernate提供了多种方法来获得数据。这里通过Session实例加载数据,而Session提供了两种方法来加载数据,分别是:

```
Object get(Class clazz,Serializable id)
Object load(Class clazz,Serializable id)
```

虽然两个方法都是通过实体类 class 对象和 id 加载数据的，但是它们有一定的区别。

（1）get（）方法。根据给定的 id 返回一个持久化实例。get 方法先检查当前的 Session 缓存中是否存在这个标识符的持久化实例，如果存在就直接返回，如果不存在就检查二级缓存中是否存在，如果二级缓存中存在就直接返回，如果不存在，就从数据库中获取数据返回，如果数据库表中不存在就返回 null。

【例 5.8】 Session 的 get（）方法加载

```java
package com.hibernate.test;
import org.hibernate.HibernateException;
import org.hibernate.Session;
import org.hibernate.SessionFactory;
import org.hibernate.Transaction;
import org.hibernate.cfg.Configuration;
import com.hibernate.entity.User;
/**
 *测试利用Session接口的方法得到对象.
 */
public class GetTest {
  public static void main(String[] args)throws Exception {
      Configuration conf = null;
      SessionFactory sessionFactory = null;
      Session session = null;
      Transaction tx = null;
      try {
         //1.读取解析配置文件
          conf = new Configuration().configure();
         //2.创建 SessionFactory
      sessionFactory = conf.buildSessionFactory();
         //3.打开 session
      session = sessionFactory.openSession();
      //通过 get 方法加载数据库中具体数据
```

```
        User user =(User)session.get(User.class,1);
    }catch(HibernateException e){
        e.printStackTrace();
    }finally{
        session.close();
        sessionFactory.close();
    }
}
```

当上述程序执行时，会在控制台上直接出现 select 查询语句，即立即将数据库中的数据加载到 Session 中，这就是立即加载模式。

(2) load () 方法。根据给定 ID 返回一个持久化对象。load () 方法先检查当前 Session 缓存中是否存在这个标识符值的持久化实例。如果存在直接返回，如果不存在，就检查二级缓存中是否存在，如果二级缓存中存在就直接返回。

如果二级缓存中还不存在，Hibernate 框架不检查数据库是否存在这个标识符的记录，而是会直接创建一个代理对象并返回，这个代理对象只包含标识符值，并没有其他属性的实际数据。

【例5.9】 Session 的 load () 方法加载

```
//通过load方法加载数据库中具体数据
    User user =(User)session.load(User.class,5);
```

如果在数据库中查询主键为 5 的用户信息不存在，则会抛出异常 org. hibernate. PersistentObjectException，如图 5—12 所示。

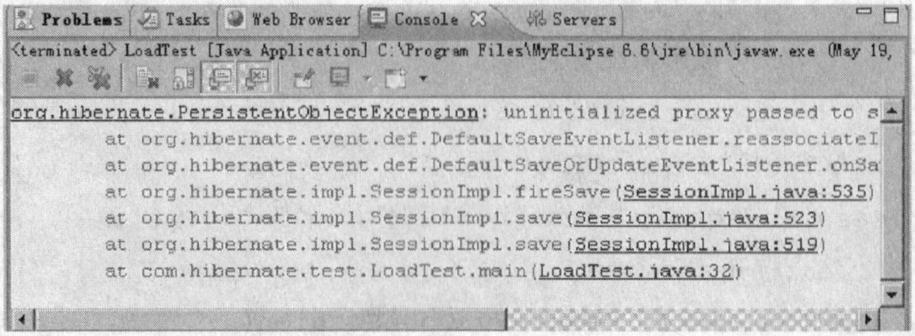

图 5—12 Load () 加载异常

执行 load 方法时，不会立即发出查询 SQL 语句。只有当使用对象时，它才会发出查询 SQL 语句，加载对象。即 load（）实现了 lazy 模式，称之为延迟加载、懒加载。

特别提示

  get（）和 load（）只根据主键查询，不能根据其他字段查询。如果想根据非主键查询，可以使用 HQL 查询方式。

3. 删除对象操作

Session 里的 delete（）方法把指定的持久状态对象或游离状态对象转变为瞬时状态，并从数据库表中移除对应的记录。

如果传入的实例是持久化状态，Session 就计划执行一个 delete 语句；如果传入的实例是脱管状态的，就先让它和当前 Session 关联转变为持久化对象，再计划执行一个 delete 语句。

【例 5.10】 Session 的 delete（）方法

```java
package com.hibernate.test;
import org.hibernate.HibernateException;
import org.hibernate.Session;
import org.hibernate.SessionFactory;
import org.hibernate.Transaction;
import org.hibernate.cfg.Configuration;
import com.hibernate.entity.User;
/**
 *测试利用 Session 接口的方法得到对象,并删除对象.
 */
public class DeleteTest {
  public static void main(String[] args)throws Exception {

    Configuration conf = null;
    SessionFactory sessionFactory = null;
    Session session = null;
    try {
```

```
        //1.读取解析配置文件
        conf = new Configuration().configure();
    //2.创建 SessionFactory
    sessionFactory = conf.buildSessionFactory();
    //3.打开 session
    session = sessionFactory.openSession();
    //通过 load 方法加载数据库中具体数据
    Transaction tx = session.beginTransaction();
    User user = (User)session.load(User.class,2);
//将 Session 中加载的 User 对象删除
session.delete(user);
    tx.commit();
    }catch(HibernateException e){
        e.printStackTrace();
    }finally{

        session.close();
        sessionFactory.close();
    }
}}
```

特别提示

删除对象时,一般先加载对象,然后再删除该对象。

4. 更新对象操作

Session 接口提供了 update() 和 SaveOrUpdate() 方法来更新单个实体对象。更新时,一般需要通过 load() 或者 get() 方法加载对象后再执行更新操作。

(1) update() 方法。该方法是将处于托管状态的游离对象加载到 Session 缓存中,与具体的 Session 实例关联,使游离状态对象转换成持久状态对象,当 Session 缓存被清理时,向数据库发送一条 update 语句,在数据库中更新与该持久状态对象相应的记录内容。

具体代码与 DeleteTest.java 类似。核心代码如下：

【例5.11】 Session 的 update() 方法

```
User user = (User)session.load(User.class,1);
    user.setUsername = ("THE NEW NAME");
    session.update(user);
    tx.commit();
```

特别提示

update() 对象操作需要在事务中执行，执行完后调用事务的 commit() 方法来提交事务。

（2）SaveOrUpdate() 方法。该方法同时包含 save 和 update 方法，根据对象的状态不同进行分别处理：

1）如果参数是临时状态对象就用 save 方法。
2）如果是游离状态对象就用 update 方法。
3）如果是持久状态对象就直接返回。

核心代码如下所示：

```
//临时对象
    User user1 = new User();
    user1.setUsername("张三");
    //保存为持久状态对象,执行save操作
session.SaveOrUpdate(user1);
    //如果user2为持久状态对象时,则直接返回,不操作
    User user2 = (User)session.load(User.class,1);
session.SaveOrUpdate(user2);
    User user3 = (User)session.load(User.class,2);
    //将User3变成游离状态对象
session.evict(user3);
```

```
//执行update操作
session.SaveOrUpdate(user3);
tx.commit();
```

四、Hibernate 缓存

Java 中，缓存通常是指 Java 对象的属性占用的内存空间，一般使用集合类型的属性来作为缓存。只要 Session 实例没有结束生命周期，存放在其缓存中的对象也不会结束生命周期。

缓存的作用主要是提高系统性能，可以简单地理解成一个 map；使用缓存涉及三个操作：把数据放入缓存、从缓存中获取数据、删除缓存中的无效数据。

Hibernate 缓存分为一级缓存（Session 缓存）和二级缓存（SessionFactory 缓存）。

1. 一级缓存（Session 级共享）

（1）一级缓存的基本概念。一级缓存是由其的实现类 SessionImpl 中的成员属性 persistenceContext 中定义的一系列 Java 集合属性构成的。save（）, update（）, SaveOrUpdate（）, load（）, get（）, list（）, iterate（）, lock（）这些方法都会将对象放在一级缓存中，一级缓存不能控制缓存的数量，所以在操作大批量数据时可能造成内存溢出，使用时应注意；可以用 session.evict（）, session.clear（）方法清除缓存中的内容。

Session 是非线程安全的，生命周期较短，代表一个和数据库的连接，所以每次用完都需要关闭 Session。在 B/S 系统中一般不会超过一个请求；内部维护一级缓存和数据库连接，如果 Session 长时间打开，会长时间占用内存和数据库连接。

Session 位于缓存中的对象称为持久状态对象，它和数据库中的相关记录对应。当 Session 的 save（）方法持久化一个对象时，该对象被载入缓存，以后即使程序中不再引用该对象，只要缓存不清空，该对象仍然处于生命周期中。当试图 load（）对象时，会判断缓存中是否存在该对象，有则返回，没有再查询数据库。

当应用程序调用 Session 的 CURD 方法以及调用查询接口的 list（）, iterator（）或 filter（）方法时，如果在缓存中不存在相应的对象，Hibernate 就会把该对象加入到一级缓存中，如果在 Session 缓存中已经存在这个对象，就不需要再去数据库加载而是直接使用缓存中的这个对象，可以减少访问数据库的频率，提高程序运行的效率。

(2) Session 接口提供与缓存相关的方法

1) flush（）方法，刷新缓存。它与事务提交 commit（）方法有不同之处，flush（）进行缓存的清理，执行一系列的 SQL 语句，但是不会提交事务，而 commit（）方法会先调用 flush（）方法，然后再提交事务。

Session 能够在某些时间点，按照缓存中对象的变化来执行相关的 SQL 语句，来同步更新数据库，这一过程被称为清理缓存（flush）。

默认情况下 Session 在以下时间点清理缓存：

第一，在利用 Session 进行持久化操作时，当调用 Transaction 的 commit（）事务提交方法时，该方法先清理缓存 session.flush（），然后再向数据库提交事务 tx.commit（），与数据库同步。

第二，当应用程序执行一些查询操作时，如果缓存中持久状态对象的属性已经发生了变化，会先清理缓存，以保证查询结果能够反映持久状态对象的最新状态。

2) Session.reresh（）方法，刷新缓存。让 Session 和数据库同步，执行查询，显示数据库的最新信息，更新本地缓存的对象状态。

3) Session.clear（）方法，清空缓存。等价于 list.removeAll（）。

4) setFlushMode（）方法，可以自定义设置清理缓存的时间点。

5) getFlushMode（）方法，获取当前缓存清理的模式。

当 Session 清理缓存时，Hibernate 会自动进行脏数据检查，根据缓存中的对象的状态变化来同步更新数据库。

2. 二级缓存（SessionFactory 级共享）

二级缓存是 SessionFactory 范围内的缓存，所有的 Session 共享同一个二级缓存。二级缓存也称进程级的缓存或 SessionFactory 级的缓存。二级缓存的生命周期和 SessionFactory 的生命周期一致，SessionFactory 可以管理二级缓存。

二级缓存是缓存实体对象的，对实体对象的结果集只缓存 id。Hibernate 默认没有开启二级缓存，需要手动配置。

二级缓存的配置和使用步骤如下：

第一步，在 Hibernate 中的 etc 目录下有 ehcache.xml 的示范文件，将其复制到 src 下，具体配置如下所示。

【例 5.12】 ehcache.xml 配置

```
<ehcache>
    <diskStore path="c:\\cache"/>    //设置cache.data文件的放置位置
```

```
    <defaultCache                          //默认的Cache配置
        maxElementsInMemory="10000"   //缓存中允许创建的最大对象数
        eternal="false"               //缓存中对象是否为永久的,如果是,超
时设置被忽略,那么对象将永不过期
        timeToIdleSeconds="120"       //缓存数据钝化时间(设置对象在它
过期之前的空闲时间)
        timeToLiveSeconds="120"       //缓存数据的生存时间(设置对象在
它过期之前的生存时间)
    overflowToDisk="true"             //内存不足时(也即超出当前设置的10000
个对象时),是否启用磁盘缓存
    />
    <cache name="model.Student"       //用户自定义的Cache配置
      maxElementsInMemory="500"
      eternal="false"
      timeToIdleSeconds="300"
      timeToLiveSeconds="600"
      overflowToDisk="true"
     />
   </ehcache>
```

第二步,修改 hibernate.cfg.xml 文件,开启二级缓存。

```
    <property name="hibernate.cache.use_second_level_cache">true</property>
```

第三步,指定缓存产品提供商,修改 hibernate.cfg.xml 文件。

```
    <property name="hibernate.cache.provider_class">org.hibernate.cache.EhCacheProvider</property>
```

第四步,指定哪些实体类使用二级缓存。

有 student 表和 exam 表,表示学生和考试课程的关系,具有双向的多对一和一对多关系。其部分实体类代码如下,同时在映射文件中采用<cache>标签来使用二级缓存。

Exam.java 代码如下:

```
public class Exam {
    private int examId;
    private String examName;
```

Student.java 代码如下:

```
public class Student {
    private int studentId;
    private String studentName;
    private Exam exam;
```

现在的目的是把 Student 类的数据进行二级缓存,这需要在两个映射文件中(Student.hbm.xml 和 Exam.hbm.xml 文件)都对二级缓存进行配置。

```
<hibernate-mapping>
<class name="comhibernate.entity.Exam" table="exam" lazy="false">
    <id name="examid" unsaved-value="null"><!--id 的产生方式是 uuid.hex-->
        <generator class="uuid.hex"/>
    </id>
    <property name="examName" type="string"/>
    <set name="students" cascade="save-update"
        inverse="true"         <!--关系由 Student 维护-->
        lazy="true"
    >
```

```
    <cache usage="read-write"/>    <!--集合中的数据将被缓存-->
      <key column="team_id"/>
      <one-to-many class="com.hibernate.entity.Student"/>
   </set>
 </class>
</hibernate-mapping>
```

上述文件虽然在<set>标签中设置了<cache usage="read-write"/>，但Hibernate仅把和exam相关的student的主键id加入到缓存中，如果希望把整个student的散装属性都加入到二级缓存中，还需要在student.hbm.xml文档的<class>标签中加入<cache>子标签，如下所示：

```
    <class name="com.hibernate.entity.Student" table="student">
      <cache usage="read-write"/>   <!--注意cache标签跟在class标签后-->
      <id name="id" unsaved-value="null"> <!--id的产生方式是uuid.hex-->
        <generator class="uuid.hex"/>
      </id>
      <property name="studentName" type="studentId"/>>
      <many-to-one name="exam"
    column="exam_id"
    class="com.hibernate.entity.exam"
cascade="save-update"
    fetch="join"
    />
    </class>
</hibernate-mapping>
```

第 5 节 Hibernate 的关联映射

O/R 映射是 Hibernate 框架中最为关键的组成部分,Hibernate 映射主要是通过对象/关系映射文件实现,对象/关系映射文件把数据库中的实体(一般为二维表)映射到面向对象中的实体对象,把数据库中多个表之间的相互关系也反映到映射好的类中。这样,在 Hibernate 中对数据库的操作就直接转换为对这些实体对象的操作。

在前面章节里面已经介绍过 Hibernate 如何对数据库单表的记录进行增、删、更新等操作。在面对对象设计中,对象之间也存在着关联关系。在关系数据库中,这个关系表现为表与表之间的关系,可以通过外键的方式进行关联。要将面向对象的关联关系映射为数据库的外键关联,需要进一步深入 ORM。

Hibernate 的映射文件中包含了很多的配置选项,在映射文件中,可以对面向对象中的关联关系、聚集关系、继承关系、依赖关系等各种关系进行配置。

一、实体对象关联关系

ORM 的一个重要内容就是对实体之间关联关系的管理。实体之间的关系见表 5—4,主要包括以下几种:

表 5—4 实体对象关联关系

Java	数 据 库
类的属性(基本类型)	表的列
类	表
1:n/n:1	外键
n:m	关联表
继承	单表继承、具体表继承、类表继承

1. 关联关系(Association)

一个客户签订了一份订单,则该客户和该订单之间存在关联关系。关联关系指的是类之间的引用关系,这是实体对象之间最普遍的关系,关联可分为一对一(one – to – one)、一对多(one – to – many)、多对多(many – to – many)。如果类 A 与类 B 关联,那么被引用的类 B 将被定义为类 A 的属性。

2. 聚集关系（Aggregation）

如 CPU 和主机是整体与部分之间的关系，对于聚集关系，部分类的对象不能单独存在，它的生命周期依赖其整体类的生命周期，当整体消失，部分也消失，其关系在定义上和关联关系相同，关系由业务逻辑来保证，在映射文件中体现。

3. 继承关系（Generalization）

若一个类定义的代码和另一个类定义的代码相同的部分很多，就可以用一个类继承另一个类，继承的是子类，被继承的是父类，父类中的代码子类中可以不再重复定义，简言之，子类继承父类可以简化子类定义，提高代码的可重用性。

4. 依赖关系（Dependency）

依赖关系指的是类之间的访问关系，如果类 A 访问类 B 的属性或方法，或者类 A 负责实例化类 B，那么就可以说类 A 依赖类 B。过程对象往往依赖实体对象。

二、关联映射

关联映射就是将关联关系映射到数据库中，所谓的关联关系在对象模型中就是一个或多个引用。

关联关系是通过一个对象持有另一个对象的实例来实现的。类与类之间最普遍的关系就是关联关系。如考试 Exam 和学生 Student 两个实体类，对象之间的关系就是一对多关系。

对象的关系是有方向性的，如单向关联和双向关联。如果是单向关系，那么只能通过学生查询到考试，不能通过考试来查询学生。如果是双向关系就可以相互查询。

应注意的是，数据库的关系模型是没有方向的，相互都可以通过 SQL 语句进行查询。

1. 配置多对一关联

实体对象学生 student 与考试 exam 之间存在有多对一关系，即通过学生对象可以查到考试对象，所以在关系模型里，在学生表里肯定有个外键指向考试课程表里，这样才能通过学生查询到考试。

也就是在多对一关系中，多方加一个外键指向一方，这就是多对一的关联映射。这样的好处是在查询学生对象时，只需要在代码中使用一条简单查询 SQL 语句就可以自动把考试对象查询出来。

exam 表结构如图 5—13 所示，student 表结构如图 5—14 所示。

名	类型	长度	小数点	允许空值	
exam_id	int	11	0	☐	🔑 1
exam_name	varchar	50	0	☐	

图 5—13　exam 表结构设计

名	类型	长度	小数点	允许空值	
student_id	int	11	0	☐	1
student_name	varchar	50	0	☐	
exam_id	int	11	0	☑	

图 5—14 student 表结构设计

如图 5—14 所示，需要在 student 类与 exam 类之间建立多对一关系。需要在 student 实体类里添加 exam 实体类的引用，即“private Exam exam;”，并生成 get/set 方法。具体代码如下：

【例 5.13】 Student.java 实体类

```
package com.hibernate.entity;
public class Student implements java.io.Serializable{
  private int studentId;
  private String studentName;
  private Exam exam;                //引入一的一端
    public Student(){
}
  public int getStudentId() {
    return studentId;
  }
  public void setStudentId(int studentId) {
    this.studentId = studentId;
  }
  public String getStudentName() {
    return studentName;
  }
  public void setStudentName(String studentName) {
    this.studentName = studentName;
  }
  public Exam getExam() {
    return exam;
  }
```

```java
    public void setExam(Exam exam) {
        this.exam = exam;
    }
}
```

【例 5.14】 Exam.java 实体类

```java
package com.hibernate.entity;
public class Exam implements java.io.Serializable {

    private int examId;
    private String examName;
public Exam{
}
    public int getExamId() {
        return examId;
    }
    public void setExamId(int examId) {
        this.examId = examId;
    }
    public String getExamName() {
        return examName;
    }
    public void setExamName(String examName) {
        this.examName = examName;
    }
}
```

对应于实体文件，需要在 Hibernate 的映射文件中配置多对一的关系，这里用 <many-to-one/> 元素来定义。需要在多的一端，即 student.hbm.xml 进行配置。

【例 5.15】 student.hbm.xml 配置代码如下：

```xml
<?xml version="1.0" encoding="utf-8"?>
<!DOCTYPE hibernate-mapping PUBLIC
    "-//Hibernate/Hibernate Mapping DTD 3.0//EN"
    "http://hibernate.sourceforge.net/hibernate-mapping-3.0.dtd">
<hibernate-mapping>
    <class name="com.hibernate.entity.Student" table="student">
        <id name="studentId" type="java.lang.Integer">
            <column name="student_id" />
            <generator class="native" />
        </id>
        <property name="studentName" type="java.lang.String">
            <column name="student_name" length="50" not-null="true" />
        </property>
        //映射关联属性(多对一关联)
        //name 指定关联属性,column 指定关联属性生成的外键
        <many-to-one name="exam" column="Exam_id" />

    </class>
</hibernate-mapping>
```

该映射文件中增加了 \<many-to-one\> 元素。该元素表示对象和该属性之间的关系。many-to-one 主要有以下属性:

(1) name 属性。指定映射属性,本例中为 student 中的 exam 属性。这样表示在多的一端表里加入一个字段。

(2) column 属性。设定与持久化类的属性对应的关系数据库表的名称,本例为 exam_id。这个字段(exam_id)会作为外键参照数据库中 exam 表。也就是说,多的一端加入一个外键指向一的一端。

(3) class 属性。可选，默认为映射属性所属类型，本例中没有填写，默认为 exam。

(4) update 属性。可选，是否对关联字段进行 update 操作，默认为 true。

(5) property – ref 属性。可选，用于与主控类相关联的属性的名称，默认为关联类的主键属性名，如果关联并非建立在主键之间，可使用此参数设置关联属性。

(6) cascade 属性。可选，操作级联（cascade）关系。

(7) insert 属性。可选，是否对关联字段进行 insert 操作，默认为 true。

最后，编写测试类 Many2One.java 进行测试，并在控制台查看结果。

【例 5.16】 Many2One.java 测试类代码如下：

```java
package com.hibernate.test;
import org.hibernate.Session;
import com.hibernate.entity.Exam;
import com.hibernate.entity.Student;
public class Many2One{
  public static void main(String[] args){
    Session session = null;
    try{
      session = HibernateSessionFactory.getSession();
      session.beginTransaction();

      Exam exam = new Exam();        //创建 exam 实例,设置为软件工程
      exam.setExamName("软件工程");
      Student student1 = new Student();//创建 student 实例,名字叫王明
      student1.setStudentName("王明");
      student1.setExam(exam);        //为王明设置考试课程
      session.save(exam);            //持久化操作,保存exam 字段数据
      Student student2 = new Student();//创建student 实例,名字叫李东
      student2.setStudentName("李东");
      student2.setExam(exam);
      session.save(student1);        //持久化操作,保存student1
      session.save(student2);        //持久化操作,保存student2
```

```
      session.getTransaction().commit(); //事务提交
    }catch(Exception e){
      e.printStackTrace();
      session.getTransaction().rollback();
    }finally{
      if(session != null){
        if(session.isOpen()){

          session.close();
        }
      }
    }
  }
}
```

测试类执行后，Hibernate 控制台执行以下 SQL 语句，如图 5—15 所示。

```
<terminated> Many2One [Java Application] C:\Program Files\MyEclipse 6.6\jre\bin\javaw.exe (May 18
Hibernate: insert into exams (exam_name) values (?)
Hibernate: insert into student (student_name, Exam_id) values (?, ?)
Hibernate: insert into student (student_name, Exam_id) values (?, ?)
```

图 5—15 多对一测试控制台输出显示

【例 5.17】 Many2OneTestload.java 核心测试类代码如下：

```
Student student = (Student)session.load(Student.class,2);
System.out.println("student.name=" +
student.getStudentName());
System.out.println("student.exam.name=" +
student.getExam().getExamName());
```

如图5—16所示，测试类执行后，Hibernate 控制台执行以下 SQL 语句，发出了两条 select 语句，分别查找学生的姓名以及学生所对应的考试。

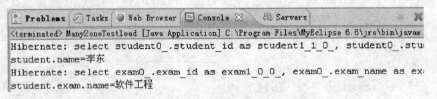

图5—16 load 加载测试控制台输出

2. 配置一对多关联

一对多其实就是将多对一反过来，是角度不同。如果站在学生的角度来说就是多个学生对应一个考试（即多对一关联关系）。但是站在考试的角度来说就是一个考试需要多个学生进行考试，这就是一对多关联关系。具体数据表设计与多对一一样，在多的一方添加了外键。

（1）设置方法。对于一个考试（Exam）对象实例，如果要关联一组学生（Student），则需要在 Exam 持久化类中添加到 Student 的一个属性集合。通过集合可以直接查出 Exam 对象拥有多少个 Student 对象。由于这仅仅是一个集合，不用按顺序输出，这里可以使用 set 方法进行设置。

【例5.18】 修改后 Exam 实体类代码如下：

```
package com.hibernate.entity;
import java.util.Set;            //注入集合方式
public class Exam implements java.io.Serializable {
    private int examId;
    private String examName;
    Set <Student> students; //设置多的一端的集合
    Public Exam {
}
public int getExamId() {
    return examId;
}
public void setExamId(int examId) {
```

```java
    this.examId = examId;
}
public String getExamName() {
    return examName;
}
public void setExamName(String examName) {
    this.examName = examName;
}
public Set<Student> getStudents() {
    return students;
}
public void setStudents(Set<Student> students) {
    this.students = students;
}
```

（2）<set/>元素的主要属性。在其对应的映射文件 exam.hbm.xml 中进行相应的修改设置，这里采用<set/>元素。该元素来映射持久化类的 set 类型的属性，主要属性有：

1）name 属性。设置持久化类中的属性，本例中为 exam.java 持久化对象的 student 属性。

2）cascade 属性。操作级联（cascade）关系可选值。

3）order – by 属性。设定取得集合的排序方式。

4）inverse 属性。用于标识双向关联中被动方一端 inverse = false 的一方（主控方）负责维护关联关系。默认值：false。

（3）one – to – many 节点的属性。在配置文件中，使用<one – to – many>元素指示集合中的对象和本对象之间的关系，<key>子元素用来设定与所关联的持久化类对应的表的外键，保存类之间关系字段，column 属性指定关联表的外键名。one – to – many 节点有以下属性：

1）class 属性。用于指定一对多关系中"多"的一方对应的类。

2）lazy 属性。用于指定是否采用延迟加载，当值为 true 时，表示立即加载集合对象，默认值为 false。

3）cascade 属性。操作级联（cascade）关系可选值。

【例5.19】 修改后的 exam.hbm.xml 的代码如下：

```xml
<?xml version="1.0" encoding="utf-8"?>
<!DOCTYPE hibernate-mapping PUBLIC
"-//Hibernate/Hibernate Mapping DTD3.0//EN"
"http://hibernate.sourceforge.net/hibernate-mapping-3.0.dtd">
<hibernate-mapping>
    <class name="com.hibernate.entity.Exam" table="exams">
        <id name="examId" type="java.lang.Integer">
        <column name="exam_id" />
        <generator class="sequence">
            <param name="sequence">SEQ_ID</param>
        </generator>
        </id>
        <property name="examName" type="java.lang.String">
            <column name="exam_name" length="50" not-null="true" />
        </property>
        <set name="students" table="student">
            <key column="exam_id" />
            <one-to-many class="com.hibernate.entity.Student" />
        </set>
    </class>
</hibernate-mapping>
```

特别提示

1. 在一的一端维护关联关系，会发出多余的更新语句，在进行批量数据操作时，效率不高。

2. 当在多的一端的外键设置为非空时，如果先添加多的一端的话，会发生错误，数据存储不成功。

最后，编写测试类 OnetoManyTest.java 进行测试，并在控制台查看结果。

【例 5.20】 OnetoManyTest.java 测试类代码如下：

```java
package com.hibernate.test;
import org.hibernate.Session;
import com.hibernate.entity.Exam;
import com.hibernate.entity.Student;
public class OnetoManyTest{
  public static void main(String[] args){
    Session session = null;
    try{
      session = HibernateSessionFactory.getSession();
      session.beginTransaction();

      Exam exam = new Exam();  //创建 exam 实例
      Student student1 = new Student();
      Student student2 = new Student();
      exam.setExamName("数据结构");
      student1.setStudentName("张三");
      student2.setStudentName("李四");
      exam.getStudents().add(student1);
      exam.getStudents().add(student2);
      session.save(student1);   //持久化操作,保存student1
      session.save(student2);   //持久化操作,保存student2
      session.save(exam);       //持久化操作,保存exam 数据

      session.getTransaction().commit(); //事务提交
    }catch(Exception e){
      e.printStackTrace();
      session.getTransaction().rollback();
    }finally{
      if(session!=null){
        if(session.isOpen()){

          session.close();
```

```
            }
          }
        }
      }
    }
```

3. 配置双向一对多关联

单向一对多和单向多对一可以分别配置使用,如果同时配置了两者,就成了双向一对多关联。其配置方式是前两种方式的集成。

在一的一端设置 set 属性保存包含多的对象;在多的一端配置一端的属性。具体配置代码省略。

4. 配置一对一关联

在关系数据库中,一对一关联是指两个数据表之间的记录是一一对应的。例如一个学生(student)和他的家庭住址(address),它们之间是一一对应的,一个学生只有一个家庭住址;一个家庭住址对应一个学生。

一对一关联分为两种方式:外键关联和主键关联。

(1)外键关联。基于外键关联的单向一对一关联和单向多对一关联几乎一致,是单向多对一关联的特例。唯一的不同就是单向一对一关联中的外键字段具有唯一性约束。

在 Student 类与 Address 类之间建立一对一关系,需要在 Student 实体类里添加 Address 实体类的引用,并生成 get/set 方法。具体代码如下:

【例 5.21】 修改后的 student.java 实体类代码如下:

```
package com.hibernate.entity;
public class Student implements java.io.Serializable{
   private int studentId;
   private String studentName;
   private Address address;
     public Student(){
     }

     public int getStudentId(){
```

```
        return studentId;
    }
    public void setStudentId(int studentId){
        this.studentId = studentId;
    }
    public String getStudentName(){
        return studentName;
    }
    public void setStudentName(String studentName){
        this.studentName = studentName;
    }
    public Address getAddress(){
        return address;
    }
    public void setAddress(Address address){
        this.address = address;
    }
}
```

【例5.22】 Address.java 实体类代码如下:

```
package com.hibernate.entity;
public class Address{
    private int id;
    private String Addressdetail;
    public int getId(){
        return id;
    }
    public void setId(int id){
        this.id = id;
```

```
    }
    public String getAddressdetail() {
        return Addressdetail;
    }
    public void setAddressdetail(String addressdetail) {
        Addressdetail = addressdetail;
    }
}
```

与实体类相对应的映射配置文件如下。

【例5.23】 Student.hbm.xml 配置文件代码如下：

```
<?xml version="1.0" encoding="utf-8"?>
<!DOCTYPE hibernate-mapping PUBLIC
"-//Hibernate/Hibernate Mapping DTD 3.0//EN"
"http://hibernate.sourceforge.net/hibernate-mapping-3.0.dtd">
<hibernate-mapping>
    <class name="com.hibernate.entity.Student" table="student">
        <id name="studentId" type="java.lang.Integer">
            <column name="student_id" />
            <generator class="native" />
        </id>
        <property name="studentName" type="java.lang.String">
            <column name="student_name" length="50" not-null="true" />
        </property>
        <!--设置 unique 属性为 true -->
```

```xml
<many-to-one name="address" unique="true"/>
    </class>
</hibernate-mapping>
```

【例 5.24】 Address.hbm.xml 配置文件代码如下:

```xml
<?xml version="1.0"?>
<!DOCTYPE hibernate-mapping PUBLIC
 "-//Hibernate/Hibernate Mapping DTD 3.0//EN"
 "http://hibernate.sourceforge.net/hibernate-mapping-3.0.dtd">
<hibernate-mapping>
    <class name="com.hibernate.entity.Address" table="TB_Address">
        <id name="id">
            <generator class="native"/>
        </id>
        <property name="Addressdetail"/>

    </class>
</hibernate-mapping>
```

从 Student.hbm.xml 映射文件可以看到,单向的一对一外键关联与单向多对一关联很相似,只是在原来的 <many-to-one> 元素中加载了一个索引约束 unique="true",用以表示多的一端必须唯一即可。

【例 5.25】 OnetoOneTest.java 测试类代码如下:

```java
package com.hibernate.test;
import org.hibernate.Session;
import com.hibernate.entity.Address;
```

```java
import com.hibernate.entity.Student;
public class OnetoOneTest{
  public static void main(String[] args) {
    Session session = null;
    try {
      session = HibernateSessionFactory.getSession();
      session.beginTransaction();
      Address address = new Address();
      address.setAddressdetail("河南新乡");
      session.save(address);
      Student student = new Student();
      student.setStudentName("小明");
      student.setAddress(address);
      session.save(student);
      session.getTransaction().commit();
    }catch(Exception e) {
      e.printStackTrace();
      session.getTransaction().rollback();
    }finally {
      session.close();
    }
  }
}
```

如图 5—17 所示，该测试类执行后，Hibernate 控制台又执行以下 SQL 语句。

```
Hibernate: insert into TB_Address (Addressdetail) values (?)
Hibernate: insert into student (student_name, address) values (?, ?)
```

图 5—17　一对一测试控制台显示

在双向的一对一外键关联中,需要在另一端使用 < one – to – one > 元素,该元素使用 property – ref(可以不加)属性指定使用被关联实体主键以外的字段作为关联字段。

将例 5.24 Address.hbm.xml 配置文件添加 < one – to – one > 元素。

【例 5.26】 Address.hbm.xml 配置文件代码如下:

```
<? xml version = "1.0"? >
<! DOCTYPE hibernate – mapping PUBLIC
 " – //Hibernate/Hibernate Mapping DTD 3.0//EN"
 " http:// hibernate.sourceforge.net/hibernate – mapping – 3.0.dtd" >
<hibernate – mapping >
  <class name = "com.hibernate.entity.Address" table = "TB_Address" >
    <id name = "id" >
      <generator class = "native"/>
    </id>
    <property name = "Addressdetail"/>
    <one – to – one name = "student" property – ref = "student" cascade = "all"/>
  </class>
</hibernate – mapping >
```

< one – to – one > 元素有以下属性:

- name 属性。映射属性。
- column 属性。关联字段。
- class 属性。类名,默认为映射属性所属类型。
- constrained 属性。约束,表明主控表的主键上是否存在一个外键(foreign key)对其进行约束。这个选项关系到 save、delete 等方法的级联操作顺序。
- property – ref 属性。用于与主控类相关联的属性的名称默认为关联类的主键属性名,如果关联并非建立在主键之间,可使用此参数设置关联属性。
- cascade 属性。操作级联(cascade)关系。

(2)主键关联。一对一关联关系的另一种解决方式就是主键关联。但基于主键关联的持久化类不能拥有自己的主键生成策略,它的主键由主键类负责生成。在这种关联关系中,要求两个对象的主键必须保持一致,通过两个表的主键建立关联关系必须有外键参与。

1)基于主键的映射策略:指一端的主键生成器使用 foreign 策略,表明根据"对方"的主键来生成自己的主键,自己并不能独立生成主键。其中 <param> 子元素指定使用当前持久化类的哪个属性作为"对方"。

采用 foreign 主键生成器策略的一端增加 <one-to-one> 元素映射关联属性,还应增加 constrained="true" 属性;另一端增加 <one-to-one> 元素映射关联属性。

2)constrained(约束)属性:指定为当前持久化类对应的数据库表的主键添加一个外键约束,引用被关联的对象("对方")所对应的数据库表主键。

Student 与 Address 实体类之间首先需要相互引用。然后在 Student.hbm.xml 中配置 <one-to-one> 元素来关联属性,必须为其添加 constrained="true" 属性,表明该类主键由关联类生成。

【例 5.27】 修改后的 student.hbm.xml 配置文件代码如下:

```xml
<?xml version="1.0" encoding="utf-8"?>
<!DOCTYPE hibernate-mapping PUBLIC
"-//Hibernate/Hibernate Mapping DTD 3.0//EN"
"http://hibernate.sourceforge.net/hibernate-mapping-3.0.dtd">
<hibernate-mapping>
    <class name="com.hibernate.entity.Student" table="TB_student">
        <id name="studentId" type="java.lang.Integer">
            <column name="student_id"/>
    <!--基于主键关联时,主键生成策略是 foreign,表明根据关联表类生成主键-->

            <generator class="foreign"/>
    <!--关联持久化类的属性名-->
                <param name="property">address</param>
```

```
        </generator>
    </id>
    <property name="studentName" type="java.lang.String">
        <column name="student_name" length="50" not-null="true"/>
    </property>
    <one-to-one name="address" constrained="true"/>
</class>
</hibernate-mapping>
```

【例5.28】 修改后的 Address.hbm.xml 配置文件代码如下:

```
<?xml version="1.0"?>
<!DOCTYPE hibernate-mapping PUBLIC
 "-//Hibernate/Hibernate Mapping DTD 3.0//EN"
 "http://hibernate.sourceforge.net/hibernate-mapping-3.0.dtd">
<hibernate-mapping>
    <class name="com.hibernate.entity.Address" table="TB_address">
        <id name="id">
            <generator class="native"/>
        </id>
        <property name="Addressdetail"/>
        <one-to-one name="student" cascade="all"/>
    </class>
</hibernate-mapping>
```

5. 配置多对多关联

在进行数据库设计的时候，M∶N 模式是很常见的表与表之间的关系。多对多关联在

Hibernate 关联关系中相对比较特殊。

在关系数据库中，多对多关系无法直接表达，需要另外一张中间表用于保存多对多映射信息。通过这种方式可以将多对多关联转换为两个到该中间表的多对一关联关系。

可以假设学生表（TB_student）（见图 5—18）和考试表（TB_exam）（见图 5—19）之间存在有多对多关系：一个学生可以有多个考试；一个考试可以有多个学生参加。这里可以通过中间关联表 TB_student_exam 表（见图 5—20）建立它们之间的多对多关联关系。

名	类型	长度	小数点	允许空值	
student_id	int	11	0	☐	1
student_name	varchar	50	0	☐	

图 5—18　学生 TB_student 表结构

名	类型	长度	小数;	允许空值	
exam_id	int	11	0	☐	1
exam_name	varchar	50	0	☐	

图 5—19　考试 TB_exam 表结构

名	类型	长度	小数点	允许空值	
student_id	int	11	0	☐	1
exam_id	int	11	0	☐	2

图 5—20　中间关联 TB_student_exam 表

其中中间关联 TB_student_exam 表只包含多对多关系的两个表的主键。

（1）单向多对多关联。单向的多对多关联配置就是只配置一方。例如，学生 Student 和考试 Exam 之间存在有单向的多对多关系。首先建立两个实体类。在 Student 的实体类中，通过 set 方法设置 Exam 对象集合。

【例 5.29】 Student.java 实体类代码如下：

```
package com.hibernate.entity;
import java.util.Set;
public class Student {
  private int studentId;
  private String studentName;
  private Set exams;        //配置考试集合
  public int getStudentId() {
     return studentId;
  }
  public void setStudentId(int studentId) {
```

```java
        this.studentId = studentId;
    }
    public String getStudentName() {
        return studentName;
    }
    public void setStudentName(String studentName) {
        this.studentName = studentName;
    }
    public Set getExams() {
        return exams;
    }
    public void setExams(Set exams) {
        this.exams = exams;
    }
}
```

【例5.30】 Exam.java 实体类代码如下:

```java
package com.hibernate.entity;
public class Exam {
    private int examId;
    private String examName;
    public int getExamId() {
        return examId;
    }
    public void setExamId(int examId) {
        this.examId = examId;
    }
    public String getExamName() {
```

```
        return examName;
    }
    public void setExamName(String examName) {
        this.examName = examName;
    }
}
```

【例 5.31】 Exam.hbm.xml 配置代码如下:

```xml
<?xml version="1.0" encoding="utf-8"?>
<!DOCTYPE hibernate-mapping PUBLIC
"-//Hibernate/Hibernate Mapping DTD 3.0//EN"
"http://hibernate.sourceforge.net/hibernate-mapping-3.0.dtd">
<hibernate-mapping>
    <class name="com.hibernate.entity.Exam" table="TB_exam">
        <id name="examId" type="java.lang.Integer">
            <column name="exam_id" />
            <generator class="native"/>
        </id>
        <property name="examName" type="java.lang.String">
            <column name="exam_name" length="50" />
        </property>
    </class>
</hibernate-mapping>
```

【例 5.32】 Student.hbm.xml 配置代码如下:

```xml
<?xml version="1.0" encoding="utf-8"?>
<!DOCTYPE hibernate-mapping PUBLIC
```

```xml
" - //Hibernate/Hibernate Mapping DTD
    3.0//EN"
"http://hibernate.sourceforge.net/hibernate-mapping-3.0.dtd" >
    <hibernate-mapping>
      <class name="com.hibernate.entity.Student" table="TB_tbstudent">
        <id name="studentId" type="java.lang.Integer">
          <column name="student_id" />
          <generator class="native" />
        </id>
        <property name="studentName" type="java.lang.String">
          <column name="student_name" length="50" />
        </property>
     <set name="exams" table="TB_student_exam">
         <key column="student_id" />
         <many-to-many class="com.hibernate.entity.Exam" column="exam_id" />
        </set>

      </class>
    </hibernate-mapping>
```

在 Student.hbm.xml 中,需要配置相对应的 set 元素。在多对多关联关系中,<set>元素中的 table 属性,其值是多对多关联表,本例为 TB_student_exam。

<key>元素的 column 属性为关联表中关联到自己的字段名,本例为 student_id。

<many-to-many>元素配置多对多关系,class 属性用于设置关联属性的类型,本例为 Exam 实体类;column 属性用于设置哪个字段作为外键去关联。

建立 ManytoManyTest.java 测试类,进行测试。

【例 5.33】 ManytoManyTest.java 测试类代码如下:

```java
package com.hibernate.test;
import java.util.HashSet;
import java.util.Iterator;
import java.util.Set;
import org.hibernate.Session;
import com.hibernate.entity.Exam;
import com.hibernate.entity.Student;
public class ManytoManyTest {
  public static void main(String[] args) {
    Session session = null;
    try {
      session = HibernateUtils.getSession();
      session.beginTransaction();
      Student student1 = new Student();//建立两个学生实例

      student1.setStudentName("王明");
      session.save(student1);
      Student student2 = new Student();
      student1.setStudentName("张三");
      session.save(student2);
      Exam exam1 =new Exam();      //建立考试实例,建立学生与考试的关系

      exam1.setExamName("软件工程");
      Set Stus =new HashSet();
      Stus.add(student1);
      Stus.add(student2);
      Exam exam2 =new Exam();
      exam1.setExamName("数据库设计");
      Set Stus1 =new HashSet();
      Stus1.add(student1);
        session.save(exam2);
      session.getTransaction().commit();
```

```
        }catch(Exception e){
          e.printStackTrace();
          session.getTransaction().rollback();
        }finally{
          HibernateUtils.closeSession(session);
        }
    }
}
```

测试结果如图 5—21 所示。

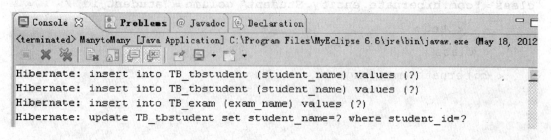

图 5—21 多对多关联关系测试控制台显示

（2）双向多对多关联。双向多对多关联关系的配置，需要在两个实体类中都添加 set 方法，同时配置映射文件中的 <set> 元素。例如，前面在 student 实体类和 student.hbm.xml 映射文件中进行配置，相对的在 exam 实体类和 exam.hbm.xml 进行相关设置。

【例5.34】 Exam.hbm.xml 映射文件配置如下：

```
<?xml version="1.0" encoding="utf-8"?>
<!DOCTYPE hibernate-mapping PUBLIC
"-//Hibernate/Hibernate Mapping DTD
3.0//EN"
"http://hibernate.sourceforge.net/hibernate-mapping-3.0.dtd">
<hibernate-mapping>
    <class name="com.hibernate.entity.Exam"
table="TB_exam">
```

```xml
<id name="examId" type="java.lang.Integer">
    <column name="exam_id"/>
    <generator class="native"/>
</id>
<property name="examName" type="java.lang.String">
    <column name="exam_name" length="50"/>
</property>
<set name="students" table="TB_student_exam">
    <key column="exam_id"/>
    <many-to-many class="com.hibernate.entity.Student" column="student_id"/>
</set>
</class>
</hibernate-mapping>
```

> **特别提示**
>
> 在进行双向多对多关联时，由于业务需要，可以将其中一方的 inverse 属性设置为 true，由另一方进行控制操作。

由于多对多关联的性能不佳（由于引入了中间表，一次读取操作需要反复数次查询），因此在设计中应该避免大量使用。同时，在多对多关系中，应根据情况，采取延迟加载（lazy loading）机制来避免无谓的性能开销。

三、组件映射

一个对象可以由多个实体逻辑对象组成。例如：User 对象由 id、username 组成，其中 username 由 firstName、lastName 等内容组成，这里 username 就是 User 对象的一个组件，实体对象中的逻辑组成称为 name。在配置文件中，使用 name 标记点对组件进行声明。在数据库中两个实体用外键关联。适用于关联类字段很少的表，能够节省资源。

示例如下：

```
class Username{
   private String firstName;
String lastName;
}
class User{
   private int id;
private Username name;
}
```

User.hbm.xml 中间需要配置 <component> 元素，配置文件如下：

```xml
<!-- 设置组件关联,name 属性对应 first/lastName 属性 -->
<component name = "name" class = "Name">
    <property name = "firstName" column = "firstName" />
    <property name = "lastName" column = "lastName" />
</component>
```

component 元素的作用是设置组件关联复杂属性。表明 A 属性是 B 类的一个组成部分，其主要属性如下：
- name 属性：类属性名，即设定被持久化类的属性名。
- class 属性：指定关联类对应的所在类路径。
- unique 属性：可选属性，默认值为 false。表明组件映射的所有字段上都有唯一性约束。

component 元素有 <property> 子元素，主要用来配置组件类的属性和表中字段的映射。

四、继承映射

1. 继承映射的概念

类之间的依赖关系指类之间的访问关系。数据库的数据也有依赖关系，继承关系也较常见。继承关系体现到 ORM 映射中，就是继承映射。

将继承关联的所有类的属性都放在一张表中，即一个类继承体系，只用一张表，由一个字段进行区分。在关键处需要使用一个字段类区分不同的子/父类。如下列映射代码所示：

```
    <class name="父类" table="表名" discriminator-value="父类标识符">
        <id name="id" column="id">
            <generator class="native"/>
        </id>
        <!-- column 重要字段,用于区分子类,也叫鉴别器,且必须写在 id 后面 -->
        <discriminator column="标识字段" type="int" not-null="true"/>
        <property name="父类公共属性" column="" type="string" not-null="true"/>
        <!-- subclass 标签配置子类信息,name 类名,discriminator-value 鉴别器值 -->
        <subclass name="子类" discriminator-value="子类标识符">
            <property name="子类属性" column="" type=""/>
        </subclass>
    </class>
```

2. 元素说明

（1）<discriminator>元素。<discriminator>元素用来配置子类的鉴别器，区分不同子类对象，必须写在<id>生成器后边。其主要属性有：

1) column 属性。指定用于区分不同子类的字段。

2) type 属性。类型。

（2）<subclass>元素。<subclass>元素用来标识子类信息，其主要属性如下：

1) name 属性。指定子类的类名/类路径。

2) extends 属性。可选。指定继承的父类。

3) discriminator-value="value"。可选。用于指定鉴别该类型的标识字段，没有指定默认值为类名。

4) proxy（代理）。可选。用来指定一个类或者接口，在延迟装载时作为代理使用。

对特有属性较多的子类，可以采用折中的方法去掉较多的 NULL 记录，在 subclass 中添加使用 join 标签，指定另外一张表来保存该类的属性，但需要指定引用的外键 key，一般为父表的 id。

```
<subclass name = "子类" discriminator-value="子类标识符">
    <join table = "子表">
      <key column ="父表_id" />
        <property name = "子类属性" column = "" type = ""/>
    </join>
</subclass>
```

继承映射只有一个映射文件，操作的效率比较高；支持多态查询，并且查询效率比较高，如：from SuperClass 查询父类时，它将会把所有的子类都查询出。但是设计的表的字段都不能有非空约束。

五、级联和反转

1. 级联问题

cascade 属性的作用是描述关联对象进行操作时的级联特性。因此，只有涉及关系的元素才有 cascade 属性。

例如，在双向多对一关联关系中，无论是哪种方式，都需要对实体类使用 session.save() 操作，才能将数据保存到数据库中。如果需要保存的数据较多，则应用编码会非常麻烦。

当 Hibernate 持久化一个临时对象时，在默认情况下，它不会自动持久化所关联的其他临时对象，而是会抛出 TransientObjectException。

可以在多的一方设定 <many-to-one> 元素的 cascade 属性为 save-update；或者在一的一方设置 set 元素的值为 save-update。这样可实现自动持久化所关联的对象。

cascade 属性用于映射持久化类之间有关联关系的元素，如 <many-to-one />、<one-to-one />、<any />、<set />、<bag />、<idbag />、<list />、<array /> 都有一个 cascade 属性，而 <one-to-many /> 和 <many-to-many /> 是用在集合元素内部的，所以不需要 cascade 属性。其属性作用见表 5—5。

表 5—5　　　　　　　　　　　cascade 属性的常用属性表

序号	属性值	作用
1	all	所有情况下都进行级联操作
2	none	所有情况下都不进行级联操作
3	save – update	在执行 save – update 操作时进行级联操作
4	delete	在执行 delete 操作时进行级联操作

2. 反转控制问题

在双向关联过程中，两方面都可以对数据库进行操作，维护关联关系。这样就会造成管理混乱。inverse 属性提供了反转功能，指定了关联关系中的方向。

inverse 只存在于集合标记的元素中。Hibernate 提供的集合元素包括 <set/> <map/> <list/> <array/> <bag/>。

在双向多对一关联关系中，inverse 设置为"true"的一方不再对关联关系进行管理，而由另外一方进行管理。一般情况下，将多的一方设为主控"false"，将有助于性能的改善。

在一对多关系中，若将一的一方设置为主控端，会额外增加操作，多出 update 语句。

例如，在 Exam 一方设置 inverse = true，则说明只能通过 Student 查找 Exam。主要实例代码如下：

```
<set name="students" cascade="all" inverse="true" >
    <key column="exam_id" />
    <one-to-many class="com.hibernate.entity.Student" />
</set>
```

在多对多的关系中，可以在关联的两边都不设置 inverse 属性（默认为 false），这样说明关联的双方都可以维护两个对象之间的关联关系。在设置多对多关系的 inverse 属性时，不能将两个对象都设置为 true。

六、延迟加载

为了避免一些情况下关联关系所带来的无谓的性能开销，Hibernate 引入了延迟加载（lazy loading）的概念。

延迟加载的目的是提高系统的性能，避免不必要的数据库的访问，把和数据库的交互延迟/推后，降低和数据库交互的成本，将访问延迟到必须访问的时候。

Hibernate 从数据库获取某一个对象、获取某一个对象的集合属性值或获取某一个对象所关联的另一个对象时，由于没有使用该对象的数据，Hibernate 并不从数据库加载真正的数据，而只是为该对象创建一个代理对象来代表这个对象，这个对象上的所有属性都为默认值，只有在真正需要使用该对象的数据时才创建这个真正的对象，真正从数据库中加载它的数据，在某种情况下，这种操作可以提高查询效率。

延迟加载通过 asm 和 cglib 两个 jar 包实现。

Hibernate 中主要通过代理机制来实现延迟加载，延迟加载有以下几种实现方式。

1. load 延迟加载

Session 提供了 load 方法来进行延迟加载，其会返回实体对象的代理对象，这个代理对象有查询数据库的能力。当 Session 没有关闭时，调用获取属性的方法（getter），那么这个对象才去查询数据，这在前面已经介绍过。例如：

```
//使用 load 方法,没有访问数据库
Student student = (Student)session.load(Student.class , id);
session.close();    //Session 关闭
return student;    //返回的是 student 的代理对象
```

该方法在加载数据后，并不会直接加载到数据，而是等待对象调用，这样就存在有延迟加载。但是如果需要使用加载的数据，需要不将 Session 关闭，但这种方法不可取。

如果在 Session 对象关闭前没有调用获取属性的方法，那么在 Session 对象关闭后，使用该对象会出现异常。Hibernate 提供了强迫代理初始化的方法，可以通过 hibernate.initialize 方法强制读取数据。

```
Student student = (Student)session.load(Student.class , id);
Hibernate.initialize(Student) ;    //初始化数据
```

2. 集合类型的延迟加载

针对集合类型的延迟加载，能够提高项目的性能。为了对集合类型使用延迟加载，必须修改映射文件中的关联部分。将 <set> 元素的 lazy 属性设置为 true。

(1) 修改多对一关系的例 5.19 exam.hbm.xml 配置文件的代码如下:

```xml
<?xml version="1.0" encoding="utf-8"?>
<!DOCTYPE hibernate-mapping PUBLIC
"-//Hibernate/Hibernate Mapping DTD3.0//EN"
"http://hibernate.sourceforge.net/hibernate-mapping-3.0.dtd">
<hibernate-mapping>
    <class name="com.hibernate.entity.Exam" table="exams">
        <id name="examId" type="java.lang.Integer">
            <column name="exam_id"/>
            <generator class="sequence">
                <param name="sequence">SEQ_ID</param>
            </generator>
        </id>
        <property name="examName" type="java.lang.String">
            <column name="exam_name" length="50" not-null="true"/>
        </property>
        <set name="students" table="student" lazy="true">
            <key column="exam_id"/>
            <one-to-many class="com.hibernate.entity.Student"/>
        </set>
    </class>
</hibernate-mapping>
```

编写测试示例如下:

【例 5.35】 ManytooneLoadTest.java 测试延迟加载。

```java
public class ManytooneLoadTest {
    public static void main(String[] args) {
```

```
        Session session = null;
        try {
            session = HibernateUtils.getSession();
            session.beginTransaction();
            Query query = session.createQuery("from Exam where id ='1'");
            Result = query.list();
    For(Exam exam:result){
            System.out.println("考试课程" + exam.getExamname());
            Set Students = exam.getStudents();
    session.getTransaction().commit();
        }catch(Exception e) {
            e.printStackTrace();
            session.getTransaction().rollback();
        }finally{
            HibernateUtils.closeSession(session);
        }
      }
    }
```

从其输出结果可以看到,在运行 query 对象的 list() 方法时,并不会发出对关联数据的查询来加载关联数据。只有运行到 exam.getStudents()时,才会进行数据读取操作。

(2) 在一对一关联关系中,要实现延时加载,需要将 lazy 属性设置为 true。同时需要将 constrained 属性也设置为 true。这里可以修改一对一主键关联中的例 5.27 Student.hbm.xml 的配置代码。具体设置如下。

【例 5.36】 Student.hbm.xml 配置文件代码如下:

```
    <? xml version = "1.0" encoding = "utf -8"? >
    <! DOCTYPE hibernate - mapping PUBLIC
" - //Hibernate/Hibernate Mapping DTD
```

```xml
3.0//EN"
"http://hibernate.sourceforge.net/hibernate-mapping-3.0.dtd">
    <hibernate-mapping>
        <class name="com.hibernate.entity.Student" table="TB_student">
            <id name="studentId" type="java.lang.Integer">
                <column name="student_id"/>
        <!--基于主键关联时,主键生成策略是foreign,表明根据关联表类生成主键-->
                <generator class="foreign"/>
        <!--关联持久化类的属性名-->
                    <param name="property">address</param>
                </generator>
            </id>
            <property name="studentName" type="java.lang.String">
                <column name="student_name" length="50" not-null="true"/>
            </property>
        <one-to-one name="address" constrained="true" lazy="true"/>

        </class>
    </hibernate-mapping>
```

第6节 Hibernate的批处理方式

Hibernate是完全以面向对象的方式来操作数据库,当程序里以面向对象的方式操作持久化对象时,将被自动转换为对数据库的操作。例如调用Session的delete()方法来删除持久化对象，Hibernate 将负责删除对应的数据记录；当执行持久化对象的 set 方法时，Hibernate 将自动转换为对应的 update 方法，修改数据库的对应记录。

当一次性放入大量数据时，如果在应用层使用循环语句执行操作很有可能会造成内存溢出，因为 Hibernate 把持久化对象都放入了 Session 级别的缓存中，而 Session 作为一级缓存容量是有限的。而且应用层的大量数据库访问操作不仅极其占用内存而且还会降低应用的性能。所以应该在数据层的数据库中进行批量操作或调用数据库的存储过程。

对这种批量处理的场景，Hibernate 提供了批量处理的解决方案，下面分别从批量插入、批量更新和批量删除 3 个方面介绍如何解决批量处理。

一、批量插入

如果需要将上万条学生的记录插入数据库，可以使用 Hibernate 进行查询操作，主要示例代码如下。

【例 5.37】 BatchInsertTest 类，批量插入 10000 条记录，代码如下：

```
Public void BatchInsertTest(){
Session session = sessionFactory.openSession();
Transaction tx = session.beginTransaction();
for ( int i =0; i <100000; i ++ ) {
    Student student = new Student ();
    session.save(student);
}
tx.commit();
session.close();
}
```

这段程序会失败并输出内存溢出异常（OutOfMemoryException）。这是因为 Hibernate 把所有新插入的学生（student）实例在 Session 级别的缓存区进行了缓存。解决的方法有以下两种。

1. 通过 Hibernate 的缓存进行批量插入

使用这种方法时，使用 JDBC 的批量（batching）功能至关重要。首先要在 Hibernate 的配置文件"hibernate.cfg.xml"中设置批量尺寸属性"hibernate.jdbc.batch_size"，即在映射文件中设置 JDBC 单次批量处理数目。

Hibernate 一级缓存，是事务范围内的缓存；Session 外置缓存是 Hibernate 二级缓存，是应用范围内的缓存，即所有事物共享二级缓存。最好在配置中配置关闭 Hibernate 的二级缓存以提高效率。

【例 5.38】 修改 hibernate.cfg.xml 的配置文件主要代码如下：

```
<hibernate-configuration>
  <session-factory>
    ...//省略其他基本配置
    //设置批量处理数量(一般10~50)
    <property name="hibernate.jdbc.batch_size">20</property>
    //关闭二级缓存
    <property name="hibernate.cache.use_second_level_cache">false</property>
  </session-factory>
</hibernate-configuration>
```

由于 Session 对象缓存的容量限制应该在处理完很多对象持久化，需要立刻调用 Session 的 flush() 方法清理缓存，将该批数据立即插入到数据库中，并与数据库保持数据同步。

然后调用 Session 的 clear() 方法清空缓存，释放内存下的批处理数据，作用是控制一级缓存。

以下是增加 100000 个 Student 实例的代码片段。

【例 5.39】 修改后的 BatchInsertTest 类，代码如下：

```
private void BatchInsertTest{
{
    //打开 Session
    Session session = HibernateUtil.currentSession();
    //开始事务
```

Hibernate 框架封装持久层

```
Transaction tx = session.beginTransaction();
//循环100000次,插入100000条记录
for(int i = 0 ; i < 1000000 ; i ++ )
{
    //创建 User 实例
    Student students = new Student();
    student.setStudentName("序列" + i);
    student.setAge(i);
    //在 Session 级别缓存 User 实例
    session.save(Student);
    //设置判断条件 i,当 i 是 20 的倍数时,将 Session 中的数据刷入数据库,并清空 Session 缓存
    if(i % 20 = = 0)
    {
        //只是将 Hibernate 缓存中的数据提交到数据库,保持与数据库数据的同步
        session.flush();
        //清除内部缓存的全部数据,及时释放出占用的内存
        session.clear();
        tx.commit();
        tx = session.beginTransaction();
    }
}
//提交事务
tx.commit();
//关闭事务
HibernateUtil.closeSession();
}
}
```

2. 直接使用 JDBC API 实现批处理数据的插入

Hibernate 提供了获得 connection 对象的方法，通过该对象，可以直接使用 JDBC API 来进行数据的增、删等操作。在某些特定场合可以使用，但不推荐使用。

JDBC 方法的批量 insert 方式如下。

【例 5.40】 JdbcInsertTest.java。

```java
public class JdbcInsertTest {
    public static void main(String[] args) throws Exception {
        //获得session
        Session session = HibernateSessionFactory.currentSession();
        //获得事务
        Transaction ts = session.beginTransaction();
        //通过Session的connection()方法获得connection对象
        //该方法不推荐使用
        Connection con = session.connection();
        //添加数据
        String insertSql = "insert into TB_student(student_name) " +
        "value ('123')";
        PreparedStatement stmtInsert = con.prepareStatement(insertSql);
        stmtInsert.executeUpdate(insertSql);
        System.out.println("添加成功!");
        //提交事务
        ts.commit();
        //执行完毕后,关闭Session
        HibernateSessionFactory.closeSession();
    }
}
```

二、批量更新

批量更新是指在一个事务中更新大批量数据。批量更新虽然在 Hibernate 里也可以实现，但因 Hibernate 的实现机制是一个一个进行更新，在数量大的情况下很影响效率，而利用 Session 的 flush 和 clear 方法可以方便地进行批量的更新，此外，在进行会返回很多行数据的查询时，需要使用 scroll（）方法以便充分利用服务器端游标的功能。

另外，在 Hibernate3 中引入了用于批量更新或者删除数据的 HQL 语句。这样，开发人员就可以一次更新或者删除多条记录，而不用每次都一个一个地修改或者删除记录。

在 Hibernate 配置文件中，配置如下代码，用来选择查询翻译器，用于直接进行批量更新。

```
<property name = "hibernate.query.factory_class">
    org.hibernate.hql.ast.ASTQueryTranslatorFactory
</property>
```

例如，如果要更新或删除所有的 User 对象（也就是 User 对象所对应表中的记录），则可以直接使用下面的 HQL 语句：

Update User 或 Delete User

而在执行这个 HQL 语句时，需要调用 query 对象的 executeUpdate（）方法，具体的实例如下所示：

```
String HQL = "update User";
Query query = session.createQuery(HQL);
int size = query.executeUpdate();
```

采用这种方式进行数据更新与直接使用 JDBC 方式在性能上相差无几。

【例 5.41】 BatchUpdateTest.java 批量更新类代码如下：

```
package com.hibernate.entity;
import java.util.Iterator;
import org.hibernate.Query;
import org.hibernate.Session;
```

```java
import org.hibernate.Transaction;
import com.hibernate.test.HibernateUtils;
public class BatchUpdateTest {
    public static void main(String[] args) throws Exception {
        //获得Session
        Session session = HibernateUtils.getSession();
        //获得事务
        Transaction ts = session.beginTransaction();

        //使用query.executeUpdate()方法批量更新数据
        //将所有loginname中包含李四的记录的name都修改为"张三"
        String hqlUpdate = "update User set name =? where loginname like ?";
        Query query = session.createQuery(hqlUpdate);
        query.setParameter(0, "张三");
        query.setParameter(1, "李四");
        int updateCount = query.executeUpdate();
        System.out.println("批量更新记录条数为 =" + updateCount);
        ts.commit();
        //执行完毕后,关闭Session
        HibernateUtils.closeSession(session);
    }
}
```

如果不能采用HQL语句进行大量数据的修改,也就是说只能使用取出再修改的方式时,会遇到批量插入时的内存溢出问题,所以也要采用上面所提供的处理方法来进行类似的处理。注意:使用这种批量更新语法时,通常只需要执行一次SQL的update语句,就可以完成所有满足条件记录的更新。

三、批量删除

Session 提供了 delete( ) 接口来删除单个实体对象,但是 delete( ) 接口并不适用于批量删除。在执行批量删除操作时,需要将设计好批量删除 HQL 语句作为参数传入到 Session 接口的 createQuery(String HQL) 方法中去,然后执行 Query 对象的 executeUpdate( ) 方法,并返回批量删除数据记录条数,即可完成批量删除的操作。

【例 5.42】 BatchDeleteTest.java 批量删除类。测试代码如下:

```java
package com.hibernate.entity;
import org.hibernate.Query;
import org.hibernate.Session;
import org.hibernate.Transaction;
import com.hibernate.test.HibernateUtils;
/**
 * 测试批量删除对象
 */
public class BatchDeleteTest {
  public static void main(String[] args) throws Exception
{
      //获得 Session
      Session session = HibernateUtils.getSession();
      //获得事务
      Transaction ts = session.beginTransaction();
      //删除 loginname 包含张三的记录
      String hqlDelete = "delete User where loginname like ?";
      Query query = session.createQuery(hqlDelete);
      query.setParameter(0, "张三");
      int deleteCount = query.executeUpdate();
      System.out.println("批量删除记录条数=" +
deleteCount);
      ts.commit();
      //执行完毕后,关闭 Session
```

```
        HibernateUtils.closeSession(session);
    }
}
```

四、Hibernate 调用存储过程

如果底层的数据库支持存储过程（例如，本书使用的底层数据库是 MySQL），也可以通过存储过程来执行批量的增加、删除、更新等操作。

Hibernate 可以在映射配置文件 *.hbm.xml 中配置调用存储过程，并提供了 session.getNamedQuery（"…"）方法来调用配置文件中的存储过程。

另外，Hibernate 也提供了取得 SQL 的 connection 的方法，从而能够通过 connection 中存储过程调用相关的方法来实现存储过程的调用。

应注意的是，这两种存储过程的调用方式是不同的，Hibernate 方便了查询，它可以在 *.hbm.xml 中配置存储过程返回值的信息，然后通过配置，就可以把返回值封装成对象的集合。

使用持久化的存储过程，就要直接使用 JDBC 调用存储过程的 API，即使用 CallableStatement 对象。

以下是通过 MySQL 数据库方式，设置了进行数据批量操作的存储过程，使用了 User.java 实体类作为操作对象，其主要代码如下：

```
public class User implements java.io.Serializable {
    private String userid;        //用户 id
    private String name;          //用户姓名
    private String address;       //用户地址
    //省略 get/set 方法
}
```

建立具有增、删、改、查等功能的存储过程代码如下：
针对实体类 User，可以建立获取用户信息列表的存储过程。名称为 getList。
【例 5.43】 getList 存储过程。

```
    DROP PROCEDURE IF EXISTS 'getList';
CREATE PROCEDURE 'getList'()
begin
    select * from TBL_user;
end;
```

针对建立通过传入的参数批量插入用户的存储过程,过程名是 createUser。使用"IN"指定存储过程的参数。在插入语句 insert 中,将参数插入到对应的字段。

【例5.44】 createUser 存储过程。

```
    DROP PROCEDURE IF EXISTS 'createUser';
    CREATE PROCEDURE 'createUser'(IN userid varchar(50), IN name varchar(50), IN address varchar(50))
    begin
    insert into tbl_user values(userid, name, address);
    end;
```

通过传入的参数更新用户信息的存储过程,存储名为 updateUser。使用 update 语句更新,将对应的字段进行更新。

【例5.45】 updateUser 存储过程。

```
    DROP PROCEDURE IF EXISTS 'updateUser';
    CREATE PROCEDURE 'updateUser'(IN nameValue varchar(50), IN addressValue varchar(50), IN useidValue varchar(50))
    begin
    update tbl_user set name = nameValue, address = addressValue
    where userid = useridValue;
    end;
```

建立通过 useridValue 参数删除用户信息的存储过程 deleteUser。

【例5.46】 deleteUser 存储过程。

```
DROP PROCEDURE IF EXISTS 'deleteUser';
CREATE PROCEDURE 'deleteUser'(IN useridValue int(11))
begin
delete from tbl_user where userid = useridValue;
end;
```

在数据库中配置完存储过程后，需要在项目中进行调用。这就必须在 *.hbm.xml 映射文件中配置存储过程。需要在 hibernate-mapping 元素下添加子元素 <SQL-query>。

其含义是调用的存储过程在其中定义，并定义了调用存储过程后将记录组装成 User 对象，同时对记录的字段与对象的属性进行相关映射。

其中，name 属性为存储过程的名称，callable = "true" 表示要调用的是存储过程。

return 元素是要配置、要封装存储过程中返回的数据集的对象信息。

class = "User" 表示要封装到哪个对象中，其中，alias = "user" 是设置这个要封装的对象的别名，可以任意取名。

接下来，后面的 return-property 元素，是要对应存储过程运行结果列所映射的持久化类成员属性。

最后，通过 {call getList()} 来调用存储过程。

【例5.47】 修改后 User.hbm.xml 映射文件代码如下：

```
<?xml version = "1.0"?>
<!DOCTYPE hibernate-mapping PUBLIC "-//Hibernate/Hibernate Mapping DTD 3.0//EN"
"http://hibernate.sourceforge.net/hibernate-mapping-3.0.dtd">
<hibernate-mapping package = "com.hibernate.entity">
    <class name = "User" table = "tbl_user">
    <id name = "userid" column = "userid">
            <generator class = "assigned"/>
        </id>
        <property name = "name" column = "username"
```

```xml
type="string" />
          <property name="address" column="address" type="string" />
</class>
    //配置存储过程
    <sql-query name="getList" callable="true">
        <return alias="user" class="User">
            <return-property name="userid" column="userid" />
            <return-property name="name" column="name" />
            <return-property name="address" column="address" />
        </return>
        {call getUserList()}
    </sql-query>
</hibernate-mapping>
```

在映射文件配置完以后,可以通过调用 session.getNamedQuery 方法来获得 User.hbm.xml 中配置的查询存储过程。具体的测试方法如下。

【例5.48】 测试类 ProcTest.java 代码如下:

```java
package com.amigo.proc;
import java.sql.CallableStatement;
import java.sql.Connection;
import java.sql.PreparedStatement;
import java.util.List;
import com.hibernate.User;
import org.hibernate.Session;
import org.hibernate.Transaction;
/*
```

```java
 * Hibernate 调用存储过程
 
 */
public class ProcTest {
public static void main(String[] args) throws Exception {
    ProcTest proc = new ProcTest();
    Session session = HibernateSessionFactory.getSession();
    proc.testProcQuery(session);
        proc.testProcUpdate(session);
        System.out.println("update successfully");
        proc.testProcInsert(session);
    System.out.println("insert successfully");
        proc.testProcDelete(session);
        System.out.println("delete successfully");
    session.close();
}
 /*
  * 测试实现查询的存储过程
  */
private void testProcQuery(Session session) throws Exception {
    //查询用户列表
    List list = session.getNamedQuery("getUserList").list();
        for (int i = 0; i < list.size(); i ++) {
      User user = (User)list.get(i);
      System.out.print("序号: " + (i+1));
      System.out.print(", userid: " + user.getUserid());
      System.out.print(", name: " + user.getName());
```

```java
            System.out.println(",blog:" + user.getAddress());
        }
}
/*
 * 测试实现更新的存储过程
 * @throws Exception
 */
private void testProcUpdate(Session session) throws Exception {
    //更新用户信息
    Transaction tx = session.beginTransaction();
    Connection con = session.connection();
    String procedure = "{call updateUser(?,?,?)}";
    CallableStatement cstmt = con.prepareCall(procedure);
    cstmt.setString(1,"王小明");
    cstmt.setString(2,"河南新乡");
    cstmt.setString(3,"first");
    cstmt.executeUpdate();
    tx.commit();
}
/*
    测试实现插入的存储过程
    */
private void testProcInsert(Session session) throws Exception {
    //创建用户信息
    session.beginTransaction();
    PreparedStatement st = session.connection().prepareStatement("{call createUser(?,?,?)}");
```

```
        st.setString(1,"second");
        st.setString(2,"陈新阳");
        st.setString(3,"河南郑州");
        st.execute();
        session.getTransaction().commit();
    }
    /*
     *测试实现删除的存储过程       */
    private void testProcDelete(Session session) throws 
Exception {
        //删除用户信息
        session.beginTransaction();
        PreparedStatement st = 
session.connection().prepareStatement("{call 
deleteUser(?)}");
        st.setString(1,"second");
        st.execute();
        session.getTransaction().commit();
    }
}
```

第7节　Hibernate查询的实现

　　数据库查询是数据库的基本操作。Hibernate 是持久化框架，主要是管理对象间的关联关系，以及如何运用 Hibernate 完成增、删、改以及加载对象数据，同时，也需要掌握如何使用 Hibernate 进行查询操作。

　　数据查询与检索是 Hibernate 中的一个亮点，相对其他 ORM 实现而言，Hibernate 提供了灵活多样的查询机制，例如 HQL 查询方式、条件查询（Criteria）以及原生 SQL 查询等。

一、HQL（Hibernate Query Language）查询

1. HQL 的优势

HQL 是 Hibernate 中使用最广泛的查询方式，它的语法格式与 SQL 类似，但是它是 Hibernate 提供的一种面向对象导航查询语言。

使用 HQL 可以避免使用 JDBC 查询的一些弊端。不需要编写复杂的 SQL 语句，只针对实体类及其属性进行查询；查询结果直接放置在 list 对象，不用再次封装；同时，HQL 独立于数据库，对不同的数据库根据其配置自动生成不同的 SQL 语句。

2. 使用 HQL 的四个步骤

（1）得到 Session。根据需要编写相关的业务逻辑类以及 DAO 类。

（2）编写对应的 HQL 语句。根据所需的查询条件编写。

（3）创建 query 对象。query 接口是 HQL 的查询接口，它提供了各种的查询功能。这里需要通过 Session 的 createQuery( ) 方法来创建 query 对象。

（4）执行查询得到结果。

二、HQL 语法

Hibernate 拥有丰富的语法和强大的功能，具体语法规则与 SQL 方式类似。但是，在 HQL 语言中，Java 类和属性的名称的大小写是固定的，但是相对应于数据库操作的关键词如：select、form、group by 和 where 等，大小写格式不定。

1. 实体查询

使用 SQL 查询 TB_User 中所有数据，返回的是所有数据。SQL 语句应设置如下：

```
Select * from TB_User
```

在 HQL 语句中如果想表示该 SQL 语句，需要查询出 User 实体对象所对应的所有数据，并将数据封装成 User 实体对象。HQL 不支持 select * from…查询，否则会输出异常，但 * 可以用在特定的函数中。

HQL 代码如下：

```
from User
```

因为查询的是所有数据，该 HQL 语句也可以省略 select 关键词。其中，form 后面紧跟的是 User 实体的名字，而不再是表名。执行上述 HQL 语句将查询返回 User 以及 User 子类的所有实例。

一般情况下，需要使用 as 为实体执行一个别名，as 也可省略。例如：

```
From User as user 或者  from User  user
```

如果需要进行多表查询，例如要查询用户表 TB_User 和管理表 TB_Class 中所有信息时，SQL 语句如下：

```
Select * from TB_User,TB_Class
```

而 HQL 语句则对应的是在多个实体中联合查询，form 后紧跟的实体名称之间需要用逗号隔开，例如：

```
From User user,Class class
```

特别提示

HQL 语句中使用的是实体类的名称，而不是数据库中表的名称。

【例 5.49】 使用 HQL 实现 User 实体查询。

代码如下所示：

```java
import java.util.Iterator;
import java.util.List;
import org.hibernate.Query;
import org.hibernate.Session;
import org.hibernate.Transaction;
public class UserQuery {
```

```
public static void main(String[] args){
    Session s = HibernateSessionFactory.getSession();
    String hql = "from User";                    //HQL 查询User 实体对象
    Query query = s.createQuery(hql);            //查询User 实体对象的所有数据
    List list = query.list();                    //对象数据放置在list 列表中
    //使用迭代获取全部数据并显示部分列内容
    Iterator it = list.iterator();
    while(it.hasNext()){
      User u = (User)it.next();
      System.out.println(u.getId() + "
" +u.getUsername() + " " +u.getage());
    }
    s.close();
  }
}
```

HQL 语句与标准 SQL 语句相似,所以在 HQL 语句中也可以使用 where 子句,检索符合条件的对象。在 where 子句中可以使用操作符及各种表达式,常用的操作符有" =、<>、>、>=、<、<=、between、not between、in、not in、is、like"等,还可以使用"and"或"or"连接不同的查询条件的组合。

如查询特定 User 实体对象时,HQL 代码如下:
查询用户名以"J"开头的所有用户:

```
String hql = " from User user where user.username like 'J%'";
Query query = session.createQuery(hql);
    List users = query.list();
```

查询年龄在 20 到 30 岁之间的所有用户:

```
String hql = " from User as user where user.age in (20,30 )";
```

```
Query query = session.createQuery(hql);
List users = query.list();
```

2. 属性查询

有时候在数据查询时,并不需要获得实体对象所对应的全部属性数据,只需检索对象的部分属性数据。与 SQL 语句类似,HQL 查询技术提供了检索类的某一个或某几个属性的方法。

select 子句用于选择将哪些属性或哪些对象放入查询结果集中。例如,需要查询 User 实体类中的 username 和 age 属性。则 HQL 代码如下:

```
String hql = "select u.username,u.age from User as u";
```

查询的结果被放入到 list 列表中。其中每条记录都是 object [ ] 类型的对象数组,其中包含了对应的属性值。如果需要将其调出,可以使用如下代码:

```
String hql = "select u.username,u.age from User as u";
Query query = session.createQuery(hql);
List list = query.list();
for(int i = 0;i < list.size();i ++){
    Object[] arr = (Object[])list.get(i);    //每条数据封装为一个object 数组
    System.out.println("用户名:" + arr[0] + "年龄:" + arr[1]);
}
```

使用对象数组来表示对象的多个属性,操作和理解都不太方便,可以利用 HQL 提供的动态构造实例的功能将这些数据封装成一个对象。

使用 select 语句将查询到的 username 和 age 等信息封装到一个实际的 Java 对象中,组装成新的 User 对象,代码如下:

```
String hql = "select new User(u.username,u.age)from User as u";
```

```
//动态构造对象实例
    Query query = session.createQuery(hql);
    List list = query.list();
    for(int i = 0;i < list.size();i ++){
    User user = (User)list.get(i);
    System.out.println("用户:" + user.getName() + "年龄:" + user.getAge());
    }
```

特别提示

（1）通过动态构造对象实例的方法对数据进行封装，可使程序更加符合面向对象的风格，但是，在相关类中必须增加对应属性为参数的构造方法。例如：User 类的定义中，必须包含以下的构造方法：

```
public User(String username,int age){
this.username = username;
this.age = age;
}
```

（2）通过动态构造实例的方法，返回的对象仅仅是普通 Java，只是实现了对查询结果的封装。除了查询结果值外，其他属性值都为 null，所以不能通过 Session 对象对此进行持久化的更新操作。

使用 HQL 实现 User 属性查询，查询 User 对象中的 username 和 age 属性。

【例 5.50】 属性查询测试代码如下：

```
import java.util.Iterator;
import java.util.List;
import org.hibernate.Query;
import org.hibernate.Session;
import org.hibernate.Transaction;
```

```
public class UserQuery {
    public static void main(String[] args) {
        Session s = HibernateSessionFactory.getSession();
        String hql = "select u.username,u.age from User as u";
Query query = session.createQuery(hql);
List list = query.list();
for(int i=0;i<list.size();i++){
        Object[] arr =(Object[])list.get(i);    //每条数据封装为一个 object 数组
        System.out.println("用户名:" + arr[0]+"年龄:" + arr[1]);
    }

    s.close();
  }
}
```

3. 聚合函数

HQL 的一般查询都是将每个记录（对象）当做一个单元，而使用聚合函数，则将一类记录（单元）当做一个单元。然后再对每一类记录（对象）进行具体操作。

HQL 支持的聚合函数有：

（1） count()。统计记录数。

（2） avg()。求平均值。

（3） sum()。求和。

（4） max()和 min()。求最大值和最小值。

聚合函数一般出现在 select 子句中，例如统计 User 实体对象的总数，HQL 代码如下：

```
Select count(*) from User
```

例如统计 User 中年龄最大的数，HQL 代码如下：

```
Select max(u.age) from User u
```

4. 分组与排序

与 SQL 语句类似，HQL 查询也可以通过 order by 子句对查询结果集进行排序，使用 group by 子句对查询结果进行分组。

（1）order by 子句。使用 order by 子句对查询结果进行排序，默认为升序（asc），通过 desc 关键字可以指定排序方式为降序。例如对查询出的 User 实例按照 age 属性降序排列，则 HQL 代码如下所示：

```
Session s = HibernateSessionFactory.getSession();
String hql = "from User as u order by u.age desc";
Query query = s.createQuery(hql);
List list = query.list();
for(int i = 0;i < list.size();i ++){
  User user = (User)list.get(i);
  System.out.println(user.getUsername() + "
" +user.getAge());
}
```

执行上面的查询语句后，查询结果会以年龄的降序进行排列。

（2）group by 子句。可以使用 group by 子句进行分组查询，分组一般是与聚集函数一起使用，这样聚集函数可以作用于每个分组。【例 5.51】中根据年龄进行了分组，并统计了每个年龄组的人数，其中 u.username 作为统计函数的参数，u.age 作为分组的依据。

【例 5.51】 分组查询实例代码如下：

```
import java.util.Iterator;
import java.util.List;
import org.hibernate.Query;
import org.hibernate.Session;
import org.hibernate.Transaction;
```

```java
public class UserQueryGroup {
  public static void main(String[] args) {
      Session s = HibernateSessionFactory.getSession();
      String hql = "select count(u.username),u.age from User as u group by u.age";
      Query query = s.createQuery(hql);
      List list = query.list();
      for(int i=0;i<list.size();i++){
        Object[] user = (Object[])list.get(i);
        System.out.println(user[0]+" "+user[1]);
      }
      s.close();
  }
}
```

在group by后可以使用having关键字,可以进一步限制分组查询,将分组后的记录进行筛选,输出符合having指定条件的组。如将例中的查询语句更改为:

```java
String hql = "select count(u.username),u.age from User as u group by u.age having u.age=18";
```

则执行后,将得到年龄为18的用户数量,其过程为先根据年龄分组,对于每个分组,统计年龄等于18的用户。

特别提示

group by在使用时,select后的属性必须要么作为聚集函数的参数,要么作为group by后出现的属性,否则会产生异常。

where和having的作用都是进行条件筛选,两者的区别是where是基于基本表筛选,而having是基于分组后的组筛选。

5. 连接查询

HQL 提供各种各样的多表连接查询，如内连接、外连接。SQL 语句通过 join 子句实现多表之间的连接操作。HQL 同样也提供了连接查询机制。

HQL 提供的连接类型见表 5—6。

表 5—6　　　　　　　　　　　　HQL 连接类型

连接类型	HQL 语法	适用范围
内连接	inner join 或 join	适用于有关联关系的持久化类，并且在映射文件中对这种关联关系作了映射
迫切内连接	inner join fetch 或 join fetch	
左外连接	left outer join 或 left join	
迫切左外连接	left outer join fetch 或 left join fetch	
右外连接	right outer join 或 right join	

（1）内连接方式（Inner Join）。内连接方式是最典型常用的连接方式，内连接是指两个表中指定的关键字相等的值才会出现在结果集中的一种查询方式。HQL 中使用关键字 inner join 进行内连接，下面是使用内连接的程序。

```
Session session = Hsf.currentSession();//创建 Session

String hql = "from User u inner join u.Class c";//HQL 内连接
Query query = session.createQuery(hql);//创建查询
List list = query.list();//执行查询

Iterator it = list.iterator();

while (it.hasNext()) {
    Object[] obj = (Object[]) it.next();
    User user = (User) obj[0];
    Class class = (Class) obj[1];
    System.out.println("＊＊输出有班级号的所有学生＊＊＊");
    System.out.println("班级:"+class.getClassName() +
"\t" + "学生姓名:"
```

```
            + user.getUsername());
    }
```

(2) 左外连接（Left Outer Join）。左外连接查询出左表对应的复合条件的所有记录，如查询李晓梅同学的选课信息。下面是类 HQLLeftOuterJoinQuery 的源代码。

```
import hibernate.Hsf;
import java.util.Iterator;
import java.util.List;
import org.hibernate.Query;
import org.hibernate.Session;

public class HQLLeftOuterJoinQuery {

    public static void main(String[] args) {

        Session session = Hsf.currentSession();

        //HQL 查询语句
        String hql = "from  user u left join u.class c ";

        Query query = session.createQuery(hql); //创建查询

        List list = query.list(); //执行查询
        Iterator it = list.iterator();

        while (it.hasNext()) {
            Object[] obj = (Object[]) it.next();
            User user = (User) obj[0];
            Class class = (Class) obj[1];
```

```
            System.out.println("***输出所有学生的姓名,有班级显示
班级,没有班级的显示null***************");
            System.out.println("班级:"+class.getClassName() + "\
t" + "学生姓名:"
                + user.getUsername());
        }
    }
}
```

特别提示

在 HQL 中使用 left outer join 关键字进行左外连接，outer 关键字可以省略。

（3）右外连接。HQL 中使用关键字 right outer join 右外连接，outer 关键字可以省略。右外连接与左外连接类似，不再赘述。

6. 分页查询

SQL 构造分页需要进行复杂的设计。Hibernate 提供了简便的方法实现分页，即通过使用 query 对象来实现。

query 接口提供了两个函数，用于限制每次查询返回的对象数：

- SetFirstResult（int firstResult）用于设置从哪一个对象开始检索。参数 firstResult 设置开始检索的起始记录。
- setMaxResults（int maxResults）用于设置每次检索返回的最大对象数。参数 maxResults 用于设置每次检索返回的对象数。

这两个函数结合起来使用，经常用于分页显示对象。例如数据库中有 10 000 条记录，如果一次性显示实在太多，就可以进行分页显示。

分页设计具体步骤如下：

第一步：根据结果获得总记录数。

int count = ((Integer) list.get(0)).intValue();

第二步：计算总页码。

int pageCount = (count + pageSize - 1) / pageSize;

第三步：实现分页设置。

```
query.setFirstResult(i * pageSize);      //设置当前第一条记录
    query.setMaxResults(pageSize);        //设置限定最大输出多少条记录
```

分页显示程序示例如下：每次循环时，从 User 实例中检索出 pageSize 个对象，并输出到控制台。

```
/
 * @param pageSize *          每页显示的记录条数
 */
public void pagenate(int pageSize) {
    Session session = Hsf.currentSession();   //创建 Session
    String hql = "from User";                 //检索 Student 实例的 HQL 语句
    String hql1 = "select count(*) from User"; //检索出表中有多少条记录的 HQL 语句
    Query q = session.createQuery(hql1);      //创建 query
    List list = q.list();                     //执行查询
    int count = ((Integer) list.get(0)).intValue();//总的对象个数
    int pageCount = (count + pageSize - 1) /pageSize; //总的页数
    Query query = session.createQuery(hql);   //创建检索 User 的查询
    for (int i = 0; i < pageCount; i ++) {
        query.setFirstResult(i * pageSize);
        query.setMaxResults(pageSize);
        List list1 = query.list(); //执行查询
        Iterator it = list1.iterator();
        System.out.println("*******分页***********");
        while (it.hasNext()) {
            User user = (User) it.next();
            System.out.println(user.getUsername() + "\t" + user.getAge() + "\t");
```

```
        }
    }
}
```

pagenate（int pageSize）函数对指定的对象实例循环查询，每次循环检索出 pageSize 个对象。

HQL 语句 select count（*）from student 检索出学生对象的个数，把对象个数存入到变量 count 中；用（count + pageSize – 1）/pageSize 计算出总的页数；每次 for 循环时输出一页的记录。

三、HQL 参数绑定

如果需要获取某用户的年龄 age 值时，查询参数直接在 HQL 中表示如下：

```
Select user.age from User user where user.username = "zhangsan"
```

但是，在实际项目中 username 的值一定是一个变量。这个时候就需要通过动态查询获取该 username 参数。

Hibernate 中对动态查询参数绑定提供了丰富的支持，以下代码是传统的 JDBC 参数绑定：

```
PrepareStatement pre = connection.prepare("select * from User where user.username = ?");
pre.setString(1,"zhangsan");
ResultSet rs = pre.executeQuery();
```

在 JDBC 中，使用 PreparedStatement 优化数据库访问。对于 Hibernate，底层依然使用了 PreparedStatement 访问数据库，直接将参数写在语句中，使每次执行时，都必须重新解析 SQL 语句，从而导致性能下降和安全性降低。

在 Hibernate 中也提供了类似于 SQL 的这种查询参数绑定功能，而且在 Hibernate 中对这个功能还提供了比传统 JDBC 操作丰富得多的特性，在 Hibernate 中也提供了多种参数绑定的方式。

1. 通过顺序占位符"?"来填充绑定参数

在 HQL 语句中，可以使用"?"来填充具体的参数信息。在 Hibernate3 中，使用 query 接口的 setType（）方法来设定绑定参数。HQL 实例代码如下：

```
String hql = "from User as u where u.username =? and u.age =? ";
Query query = session.createQuery(hql);
query.setString(0,username);
query.setInteger(1,age);
```

特别提示

当有多个"?"占位符时，需要设置多个 setType（）方法来进行逐个参数绑定。这时，就存在一个先后顺序问题，必须保证每个占位符都设置了参数值；设置参数值时，下标从 0 开始，依次排序。

2. 通过占位符":"来填充绑定参数

通过"?"进行参数绑定时，如果参数个数多，会出现一些缺点，如代码可读性低、查找麻烦等。

在实际开发中，提倡使用按名称绑定命名参数，因为这不但可以提供非常好的程序可读性，而且也提高了程序的易维护性，因为当查询参数的位置发生改变时，按名称绑定命名参数的方式中不需要调整程序代码。

在 HQL 语句中定义命名参数要用":"开头，HQL 代码如下：

```
String hql = "from User as u where u.username = :uname and u.age = :uage ";
Query query = session.createQuery(hql);
query.setString("uname",username);
query.setInteger("uage",age);
```

代码中用":"分别定义了命名查询参数 uname 和 uage，通过 session.createQuery()方法构造 query 实例后，用 query 的 setType()方法设定命名参数值，setType()方法包含两个参数，分别是命名参数名称和命名参数实际值。

3. 对象封装参数

在查询条件很多的情况下，如果认为因传递参数多而不方便，Hibernate 还提供了另外一种绑定方式实现动态设置查询参数，即使用 query 对象的 setProperties（Object bean）方法，将命名参数封装为一个 bean，与一个对象的属性值绑定在一起来实现参数的设定。HQL 代码如下：

```
User user = new User();
User.setUsername("张三");
User.setAge(80);
String hql = "from User u where u.username = :username and u.age = :age ";
Query query = session.createQuery(hql);
query.setProperties(User);
```

特别提示

setProperties()方法会自动将 User 对象实例的属性值匹配到命名参数上，但是要求命名参数名称必须要与实体对象相应的属性同名。

四、条件查询

对数据库进行操作，最基本的就是使用 SQL 语句。Hibernate 采用 HQL 语言解决了使用 SQL 语句依赖特定数据库的问题。但是，如果不了解 SQL 语句，则会对使用 HQL 的应用带来麻烦。Hibernate 提供了即使不了解 SQL，也可以使用 API 对数据进行查询的功能，即条件查询（criteria queries）

criteria 查询（又称对象查询），采用面向对象的方式封装查询条件，对 SQL 语句进行封装，提供了 restrictions 等类别作为辅助。

1. criteria 查询构成

criteria 查询方式由 criteria 接口、criterion 接口和 restrictions（或子类 expression）类、

matchMode 类、order 类等构成。采用面向对象的方式来组合各种查询条件，由 Hibernate 自动产生 SQL 查询语句。可以使编写查询代码更加方便，而且代码易读。

（1）criteria 实例。org.hibernate.criteria 接口是条件查询的核心接口，表示特定持久类的一个查询，Session 是 criteria 实例的工厂。

criteria 用于创建查询的范围（即从哪些类中查，代表 from 语句）。

（2）org.hibernate.criterion.cirterion 接口可以为查询添加查询限制，criterion 代表查询条件（即 where 语句）。

一个单独的查询条件就是该接口的一个实例。

（3）org.hibernate.criterion.restrictions 类定义了某些内置的 criterion 类型的工厂方法，表述创建查询条件。定义的方法有：

like（..）、eq（..）、ge（..）、gt（..）、le（..）、lt（..）、ne（..）、and（..）、or（..）、not（..）、in（..）、between（..）等。

（4）matchMode 类定义的常量表示查询的匹配模式。

其属性有四个，分别是 ANYWHERE、START、END 和 EXACT。

1）MatchMode.ANYWHERE：字符串在中间匹配，相当于" like '% value%'"。

2）MatchMode.START：字符串在最前面的位置，相当于" like ' value%'"。

3）MatchMode.END：字符串在最后面的位置，相当于" like '% value'"。

4）MatchMode.EXACT：字符串精确匹配，相当于" like ' value'"。

（5）order 类表示查询的结果排序方式。ase、desc。

2. criteria 查询应用

使用 criteria 需要首先建立 criteria 对象，与创建 query 对象的语法类似，但是需要传入的参数是对应实体类的类型对象，如下列代码所示。

【例 5.52】 criteria 查询 testCondition 测试类。

```
public void testCondition(){
    Session session = null;
    Transaction tx = null;
    try{
        session = HibernateUtil.getSession();
        tx = session.beginTransaction();
        Criteria criteria =
```

```
session.createCriteria(User.class);
        criteria.add(Restrictions.eq("username","admin"));
        List<User> list = criteria.list();
        for(User user:list){
          System.out.println(user.getName());
        }
      tx.commit();
    }catch(Exception e){
      e.printStackTrace();
      tx.rollback();
    }finally{
      HibernateUtil.closeSession(session);
    }
  }
```

在上述代码中，使用 session.createCriteria（User.class）创建了 criteria 对象，则查询 User 实体对象所对应数据表中所有的数据。这个数据可以使用 criteria 的 list()方法获得的数据。

criteria 本身只是查询条件的容器。如果想要设置查询条件，需要使用到 criteria 的 add( ) 方法来提供查询对象所需的条件。

条件是由 restrictions 的各种静态方法返回的，具体方法见表5—7。

表5—7　　　　　　　　　　Restrictions 静态方法列表

序号	方法	说　　明
1	Restrictions. eq	等于 =
2	Restrictions. allEq	使用 map，使用 key/value 进行多个等于的判断
3	Restrictions. gt	大于 >
4	Restrictions. ge	大于等于 >=
5	Restrictions. lt	小于 <
6	Restrictions. le	小于等于 <=
7	Restrictions. between	对应 SQL 的 between 子句
8	Restrictions. like	对应 SQL 的 like 子句
9	Restrictions. in	对应 SQL 的 in 子句
10	Restrictions. and	and 关系

续表

序号	方法	说明
11	Restrictions. or	or 关系
12	Restrictions. sqlRestriction	SQL 限定查询
13	Restrictions. asc ( )	根据传入的字段进行升序排序
14	Restrictions. desc ( )	根据传入的字段进行降序排序

使用 criteria 查询也可以实现分页查询，criteria 接口提供了 setFirstResult( ) 方法来设置需要取得的第一条记录，setMaxResults( ) 方法用于设置最多取得的记录数，用于限定查询返回数据的行数。例如，需要从当前查询条件中取得从第 2 条记录开始的 10 条记录。核心代码如下：

```
Criteria criteria = session.createCriteria(User.class);
    criteria.setFirstResult(1);
    setMaxResults(10);
    List<User> list = criteria.list();
```

五、SQL 查询

HQL 作为 Hibernate 的查询语言，提供了非常丰富和强大的数据查询功能。不过，HQL 不能完全覆盖所有的查询特性。有时，也需要使用 SQL 语言来完成功能设置。

Hibernate 允许使用手写的 SQL 来完成所有的 create、update、delete 和 load 操作。对于原生的 SQL 查询执行通过 SQLquery 接口来进行。

使用 Session 的 CreateSQLquery（String SQL）方法利用传入的 SQL 来获取 SQLquery 实例。在这里，还需要传入查询的实体类，需要配合 SQLquery 的 addEntity（String alias，Class entityClass）方法一起使用，将别名和实体类联系在一起。实例代码如下：

```
Session session = HibernateSessionFactory.currentSession();
    SQLQuery query = session.createSQLQuery(
        "select * from tbl_user as user");
    query.addEntity("user", User.class);
    List userList = query.list();
```

六、查询优化

在前面已经介绍过，执行数据查询功能的基本方法有两种：一种是得到单个持久化对象的 get( )方法和 load( )方法，另一种是 query 对象的 list( )方法和 iterator( )方法。在开发中应该依据不同的情况选用正确的方法。

list( )方法和 iterator( )方法之间的区别可以从以下几个方面来进行比较。

1．执行的查询不同

list( )方法在执行时，是直接运行查询结果所需要的查询语句，而 iterator( )方法则是先执行得到对象 id 的查询，然后再根据每个 id 值去取得所要查询的对象。因此，对于 list( )方式的查询通常只会执行一条 SQL 语句，而对于 iterator( )方法的查询则可能需要执行 N + 1 条 SQL 语句（N 为结果集中的记录数）。

iterator( )方法只是可能执行 N + 1 条数据，具体执行 SQL 语句的数量取决于缓存的情况以及对结果集的访问情况。

2．缓存的使用不同

list( )方法只能使用二级缓存中的查询缓存，总是一次性地从数据库中直接查询所有符合条件的数据，同时将获得的数据写入缓存中，但无法使用二级缓存对单个对象进行缓存（但是会把查询出的对象放入二级缓存中）。所以，除非重复执行相同的查询操作，否则无法利用缓存的机制来提高查询的效率。

iterator( )方法可以充分利用二级缓存，在根据 id 检索对象的时候会首先到缓存中查找，只有在找不到的情况下才会执行相应的查询语句。所以，缓存中对象的存在与否会影响到 SQL 语句的执行数量。

3．对于结果集的处理方法不同

list( )方法会一次获得所有的结果集对象，而且它会依据查询的结果初始化所有的结果集对象。这在结果集非常大的时候必然会占据非常多的内存，甚至会造成内存溢出。

iterator( )方法在执行时不会一次初始化所有的对象，而是根据对结果集的访问情况来初始化对象。因此在访问中可以控制缓存中对象的数量，以避免占用过多缓存导致内存溢出。使用 iterator( )方法的另外一个好处是，如果只需要结果集中的部分记录，那么没有被用到的结果对象根本不会被初始化。所以，对结果集的访问情况也是调用 iterator( )方法时执行数据库 SQL 语句多少的一个因素。

所以，在使用 query 对象执行数据查询时应该从以上几个方面考虑使用何种方法来执行数据库的查询操作。

第8节 Hibernate 的事务控制

数据库的主要工作就是保存信息，因此它需要向用户提供保存当前状态的方法；而在出现问题时，需要一种机制可以使数据库忽略当前的状态，并且回到之前所保持的程序状态。这就是所谓的提交事务和回滚事务，本节将主要讲解 Hibernate 中的事务（transaction）机制。

一、事务特性

数据库事务是数据库并发控制不可分割的基本操作，是数据库中的单个逻辑单元，一个事务内的所有 SQL 语句作为一个整体执行，要么全部执行，要么都不执行。

事务具有原子性（atomic），一致性（consistent），隔离性（isolated）与持久性（durable）。

1. 原子性

事务由一个或多个行为绑在一起组成，类似于一个单独的工作单元。原子性确保在事务中的所有操作要么都发生，要么都不发生。

2. 一致性

一旦一个事务结束了（不管成功与否），系统所处的状态和它的业务规则是一致的，并且数据应当不会被破坏。

3. 隔离性

事务应该允许多个用户操作同一个数据，一个用户的操作不会和其他用户的操作相混淆。

4. 持久性

一旦事务完成，事务的结果应当持久化。

数据库管理系统采用日志来保证事务的原子性、一致性和持久性。日志记录了事务对数据库所做的更新，如果某个事务在执行过程中发生错误，就可以根据日志撤销事务对数据已做的更新，使数据库退回到执行事务前的初始状态。

数据库管理系统采用锁机制实现事务的隔离性。当多个事务同时更新数据库相同的数据时，只允许持有锁的事务能更新该数据，其他事务必须等待，直到前一个事务释放了锁，其他事务才有机会更新该数据。

二、事务隔离级别

1. 数据库操作的不确定情况

Java 的应用程序在运行时可能包含多个线程，同时运行多个事务，当这些事务访问数据库中相同的数据时，如果没有采取必要的隔离机制，就会导致各种并发的问题。数据库通常都会被广大客户共享访问，因此在数据库操作过程中很可能出现以下几种不确定的情况。

（1）更新丢失（lost update）。两个事务都同时更新一行数据，但是第二个事务却中途失败退出，导致对数据的两个修改都失效了。这是因为系统没有执行任何的锁操作，因此并发事务并没有被隔离开来。

（2）脏读（dirty reads）。一个事务开始读取了某行数据，但是另外一个事务已经更新了此数据且没有能够及时提交。这是相当危险的，因为这很可能导致所有的操作都被回滚。

（3）不可重复读（non-repeatable reads）。一个事务对同一行数据重复读取两次，但是却得到了不同的结果。例如，在两次读取的中途，有另外一个事务对该行数据进行了修改并提交。

（4）两次更新问题（second lost updates problem）。无法重复读取的特例。有两个并发事务同时读取同一行数据，然后其中一个对它进行修改提交，而另一个也进行了修改提交。这就会造成第一次写操作失效。

（5）幻读（phantom reads）。事务在操作过程中进行两次查询，第二次查询的结果包含了第一次查询中未出现的数据（这里并不要求两次查询的 SQL 语句相同）。这是因为在两次查询过程中有另外一个事务插入数据。

2. 事务隔离级别

在 JDBC 操作中，为了有效保证并发读取数据的正确性，避免上面出现的几种情况，在标准 SQL 规范中，提出了事务隔离级别的概念。定义了四种事务隔离级别，不同的隔离级别对事务的处理不同。

（1）未授权读取，也称为读未提交（read uncommitted）。允许脏读取，但不允许更新丢失。如果一个事务已经开始写数据，则另外一个事务不允许同时进行写操作，但允许其他事务读此行数据。该隔离级别可以通过"排他写锁"实现。

（2）授权读取，也称为读提交（read committed）。允许不可重复读取，但不允许脏读取。这可以通过"瞬间共享读锁"和"排他写锁"实现。读取数据的事务允许其他事务继续访问该行数据，但是未提交的写事务将会禁止其他事务访问该行。

（3）可重复读取（repeatable read）。禁止不可重复读取和脏读取，但是有时可能出现幻影数据。这可以通过"共享读锁"和"排他写锁"实现。读取数据的事务将会禁止写事务（但允许读事务），写事务则禁止任何其他事务。

（4）序列化（serializable）。提供严格的事务隔离。它要求事务序列化执行，事务只能一个接着一个地执行，不能并发执行。如果仅仅通过"行级锁"是无法实现事务序列化的，必须通过其他机制保证新插入的数据不会被刚执行查询操作的事务访问到。

数据库系统采用不同的锁类型来实现以上四种隔离级别，具体的实现过程对用户是透明的。用户应该关心的是如何选择合适的隔离级别。在四种隔离级别中，serializable 的隔离级别最高，read uncommitted 的隔离级别最低。

隔离级别越高，越能保证数据的完整性和一致性，但是对并发性能的影响也越大。对于多数应用程序，可以优先考虑把数据库系统的隔离级别设为 read committed，它能够避免脏读取，而且具有较好的并发性能。尽管它会导致不可重复读、虚读和第二类丢失更新这些并发问题，在可能出现这类问题的场合，可以由应用程序采用悲观锁或乐观锁来控制。

三、Hibernate 事务声明

数据库系统的客户程序只要向数据库系统声明一个事务，数据库系统就会自动保证事务的 ACID 特性。

1. 声明事务的类别

（1）开始事务。事务的开始边界。

（2）提交事务。事务的正常结束边界。

（3）回滚事务。事务的异常结束边界。

2. 数据库系统支持的两种事务模式

（1）自动提交模式。每条 SQL 语句都是一个独立的事务，当数据库系统执行完一条 SQL 语句后，会自动提交事务。

（2）手工提交模式。必须由数据库的客户端程序显示指定事务开始边界和结束边界。

Hibernate 对 JDBC 进行了轻量级封装，本身并不具备事务管理能力。在事务管理层，Hibernate 将其委托给底层的 JDBC transaction 和 JTA transaction，进行了进一步封装，在外面套上了 transaction 和 Session 的外壳，以实现事务的管理和调度。

Hibernate 的默认事务处理机制基于 JDBC Transaction，也可以通过配置文件设定采用 JTA 作为事务管理实现。

3. 基于 JDBC 的事务管理

数据库系统的客户程序只要向数据库系统声明了一个事务，数据库系统就会自动保证

事务的 ACID 特性。在 JDBC API 中，java.sql.Connection 类代表一个数据库连接。它提供了以下方法控制事务：

- setAutoCommit（Boolean autoCommit）。设置是否自动提交事务。
- commit( )。提交事务。
- rollback( )。撤销事务。

单个数据库（一个 SessionFactory 对应一个数据库），直接由 JDBC 的事务实现。在默认情况下，新建的 connection 实例会采用自动提交事务模式，也可以通过调用 setAutoCommit( ) 的方法设置手工提交事务的模式，然后将多条更新数据的 SQL 语句作为一个事务处理。当所有操作完成后，提交 commit( )。如果某条 SQL 语句执行失败，系统就会输出异常 SQLException。通过捕获异常的代码中调用 rollback( ) 撤销当前整个操作。部分代码如下：

```
Connection = null;
PreparedStatement pstmt = null;
try{
con = DriverManager.getConnection(dbUrl, username, password);
//设置手工提交事务模式
con.setAutoCommit(false);
pstmt = ……;
pstmt.executeUpdate();
//提交事务
con.commit();
}catch(Exception e){
//事务回滚
con.rollback();
}finally{
   //省略
}
```

4. Hibernate 封装 JDBC 事务管理

要在 Hibernate 中使用事务，可以配置 Hibernate 事务为 JDBCTransaction 或者 JTATransaction，这两种事务的生命周期不一样，可以在 hibernate.cfg.xml 中指定使用哪一种事务。以下配置为使用 JDBC 事务。注：如果不进行配置，Hibernate 也会默认使用 JDBC 事务。

修改后 hibernate.cfg.xml 配置文件，配置 JDBC 事务。主要代码如下：

```xml
<session-factory>
//省略其他配置
<property name = "hibernate.transaction.factory_class">
org.hibernate.transaction.JDBCTransactionFactory
</property>
</session-factory>
```

Hibernate 提供了 org.hibernate.Transaction 接口，它将应用代码从底层的事物实现中抽象出来（可能是 JDBC 或 JTA）。这样有助于增强 Hibernate 应用在不同的执行环境或容器中的可移植性，易于跨平台移植。

使用 Hibernate 进行操作时（增、删、改）必须显示调用 transaction（默认：autoCommit = false），基本步骤如下：

```java
Session session = null;
Transaction tx = null;
try{
    session = sessionFactory.openSession();//1 取得 Session 实例
    tx = session.beginTransaction();    //2 开启一个事务
    //3 相关数据库操作
    tx.commit();                        //4 提交事务
}catch(HibernateException e){
    if(tx! =null)tx.rollback();throw e;   //5 事务回滚
}finally{
    if(session! =null)session.close(); //6 关闭当前 Session 结束操作
}
```

Hibernate 使用 JDBCTransaction 处理方式，如果数据库连接是自动提交模式，那么每条 SQL 语句执行后事务都将被提交，提交后如果还有事务，那么就会开始一个新的事务。

Hibernate 在 Session 的控制下，在取得数据库连接后，就立刻取消自动提交模式，即 Hibernate 在一个执行 Session 的 beginTransaction () 方法后，就自动调用 JDBC 层的 setAutoCommit (false)。

在 Hibernate API 中，Session 和 Transaction 类提供了声明事务边界的方法。

```
Transaction tx = session.beginTransaction();
```

5. 基于 JTA 的事务管理

JTA（Java Transaction API）是事务服务的 JavaEE 解决方案，本质上，它是描述事务接口的 JavaEE 模型的一部分。JTA 提供了跨 Session 的事务管理能力，这一点是与 JDBC Transaction 最大的差异。

JDBC 事务由 connection 管理，也就是说，事务管理实际上是在 JDBC connection 中实现。事务周期限于 connection 的生命周期之内。对于基于 JDBC transaction 的 Hibernate 事务管理机制而言，事务管理在 Session 所依托的 JDBC connection 中实现，事务周期限于 Session 的生命周期之内。

JTA 事务管理则由 JTA 容器实现，JTA 容器对当前加入事务的众多 connection 进行调度，实现其事务性要求。JTA 的事务周期可横跨多个 JDBC connection 生命周期。同样对于基于 JTA 事务的 Hibernate 而言，JTA 事务可横跨可多个 Session。

因此当打开多个 Session 时，用 JTA 来管理事务。

JTA 具有的 3 个接口：UserTransaction 接口、TransactionManager 接口和 Transaction 接口，这些接口共享公共的事务操作。UserTransaction 能够执行事务划分和基本的事务操作，TransactionManager 能够执行上下文管理。

使用 JTATransaction 需要在 hibernate.cfg.xml 中配置 hibernate.transaction.factory_class 参数，参数代码如下所示：

```
<session-factory>
//省略其他配置
<property name = "hibernate.transaction.factory_class">
org.hibernate.transaction.JTATransactionFactory
</property>
</session-factory>
```

应用 JTA 管理事务的基本步骤的主要代码如下：

```
javax.transaction.UserTransactin tx = null;
tx = new initialContext().lookup("javax.transaction.UserTransaction");
try{
  tx.begin();
  //多个数据库的 Session 操作；
  session1 s1 = sf.openSession();
    s1.flush();
    s1.close()
  session1 s2 = sf.openSession();
    s2.flush();
    s2.close()
  tx.commit();
}catch(Exception e){
  tx.rollback(); throw e;
}
```

四、并发控制

当有多个并发事务时，如何避免并发时产生的数据访问冲突是一个很重要的问题。例如在多个客户端可能读取同一笔数据或同时更新一笔数据的情况下，必须要有访问控制的手段，防止同一笔数据被同时修改而造成混乱。事务隔离机制提供了四种隔离机制来控制并发问题。

对于多数应用程序，可以优先考虑把数据库系统的隔离级别设为 read committed，它能够避免脏读，而且具有较好的并发性能。

每个数据库连接都有一个全局变量@@tx_isolation，表示当前的事务隔离级别。JDBC 数据库连接使用数据库系统默认的隔离级别。

例如可以查看 MySQL 数据库隔离级别，方法如下，MySQL 的默认隔离级别可重复读：

方法:select @ @ tx_isolation;

可以修改对应数据库的隔离级别,例如 MySQL 数据库修改隔离级别方法如下:

```
//修改为未提交读
set transaction isolation level read uncommitted;
```

在 Hibernate 的配置文件中可以显示设置的隔离级别,每一种隔离级别对应着一个正整数,见表 5—8。

表 5—8　　　　　　　　　　　Hibernate 隔离级别数值

隔离级别	正整数值
读未提交数据（read uncommitted）	1
读已提交的数据（read committed）	2
可重复读（repeatable read）	3
序列化（serializable）	8

在开始一个事务时,Hibernate 将为从连接池中获得 JDBC 连接设置级别。需要注意的是,Hibernate 不会改变从容器管理环境下得到的数据库连接级别,如果想更改此级别,应配置服务器的环境。

在 hibernate.cfg.xml 中设置隔离级别如下:

```
<session-factory>
<!--设置 JDBC 的隔离级别-->
<property name="hibernate.connection.isolation">2</property>
</session-factory>
```

当数据库系统采用 read committed 隔离级别时,会导致不可重复读取和第二类丢失更新的并发问题。可以在应用程序中采用悲观锁（pessimistic locking）或乐观锁（optimistic locking）来避免这类问题。

1. 悲观锁

悲观锁对数据被外界修改持保守态度，在有数据加载的时候就对其进行加锁，因此，在整个数据处理过程中，数据处于锁定状态，直到该锁被释放掉，其他用户才可以进行修改。悲观锁的实现，往往依靠数据库提供的锁机制。

在 Hibernate 中，可利用 query 或 criteria 的 setLockMode（）方法来设定要锁定的表或列及其锁模式，通过使用数据库的 for update 子句实现悲观锁机制。Hibernate 的加锁模式有：

（1）LockMode.NONE。无锁机制。

（2）LockMode.WRITE。Hibernate 在 insert 和 update 记录的时候会自动获取。

（3）LockMode.READ。Hibernate 在读取记录的时候会自动获取。

（4）LockMode.UPGRADE。利用数据库的 for update 子句加锁。

（5）LockMode.UPGRADE_NOWAIT。Oracle 的特定实现，利用 Oracle 的 for update nowait 子句实现加锁。

为查询设置了悲观锁之后，Hibernate 向数据库服务器提交的 SQL 语句为：

```
Select * from TB_user for update    //利用数据库的 for update 子句实现悲观锁
```

通过 for update 子句，这条语句锁定所有符合条件的记录，在本次事务提交之前，外界无法修改这些记录。

悲观锁能够使数据库中的数据一致性保持得很好。但是不适合多个用户并发访问。当一个锁住的资源不被释放掉的时候，这个资源永远不会被其他用户进行修改，容易造成无限期的等待。

2. 乐观锁

乐观锁是相对于悲观锁而言的，它通常认为多个事务同时操作统一数据的情况是很少的，因而根本不做数据库层次上的锁定，只是基于数据的版本标识实现应用程序级别上的锁定机制。既保证了多个事务的并发访问，又有效防止了第二类丢失更新的出现。

（1）使用版本检查方式。乐观锁大多是基于数据版本（version）记录机制实现。Hibernate 在其数据访问引擎中内置了乐观锁实现，可以通过 class 描述符的 optimistic-lock 属性结合 version 描述符指定。optimistic-lock 属性有如下可选取值：

1）none。无乐观锁。

2）version。通过版本机制实现乐观锁。

3) dirty。通过检查发生变动过的属性实现乐观锁。

4) all。通过检查所有属性实现乐观锁。

Hibernate 在其映射配置文件 *.hbm.xml 中内置了乐观锁实现。可以通过 class 描述符的 optimistic-lock 属性结合 version 描述符指定。

```xml
<hibernate-mapping>
<class
    name="com.hibernate.entity.User"
    table="TB_user"
    dynamic-update="true"
    dynamic-insert="true"
    optimistic-lock="version"
>
    <id>//省略主键策略
    </id>
    <version
        column="version"
        name="version"
        type="java.lang.Integer"
    />
</class>
</hibernate-mapping>
```

这里，声明了一个 version 属性，用于存放用户的版本信息，保存在 TB_User 表的 version 字段中。

所谓基于数据版本（version）记录机制，就是为数据增加了一个 version 字段实现，读取时一起读出。如果提交的数据版本号大于数据库表中版本号，则允许更新数据，否则禁止。

特别提示

version 节点要在 id 节点之后；数据库中 version 必须有初始值，否则会报错。

【例5.53】 设置testLoad()测试类进行测试。

```java
    public void testLoad1()
    {   Session session = null;
try {
    session = HibernateUtil.getSession();
    session.beginTransaction();

    OptimisticLocking o = (OptimisticLocking) session.load(User.class, 1);
    System.out.println("o.username = " + o.getUsername());
System.out.println("o.price = " + o.getAge());
o.setAge(o.getAge() - 5);
    session.update(o);
session.beginTransaction().commit();
} catch (Exception e) {
    //TODO: handle exception
    e.printStackTrace();
    session.beginTransaction().rollback();
    } finally {
HibernateUtil.closeSession(session);
    }
    }
```

测试类在执行时,在初始数据的时候,version为0,每更新一次version都会在原来的基础上加1,通过version的版本来实现乐观锁。

(2) 使用时间戳方式。使用版本检查方式只不过是一个计数器,没有其他的意义。另外还有一种方法是使用时间戳(<timestamp>),下面是一个例子。

设计Student实体类,增加属性最后更新的时间,如下所示:

```java
    import java.util.Date;
    public class User {
```

```
private String id;
private String username;
private int age;
private Date lastUpdatedDatetime;  //最后更新的时间
//省略 get 和 set 方法
}
```

相对应与数据库中,在创建 TB_User 表,如下所示:

```
CREATE TABLE 'TB_user'(
'id'varchar(100) NOT NULL default '',
'usernname'varchar(20) default '',
'lastUpdatedDatetime' timestamp NOT NULL default CURRENT_TIMESTAMP on update
CURRENT_TIMESTAMP,
'age'int(11) default '0',
PRIMARY KEY ('id')
) ENGINE = InnoDB DEFAULT CHARSET = utf8;
```

映射文件的配置如下所示:

```
<hibernate-mapping>
<class name = "com.hibernate.entity.User" table = "TB_user" optimistic-lock = "version">
<id name = "id" unsaved-value = "null"> <!-- id 的产生方式是 uuid.hex -->
<generator class = "uuid.hex"/>
</id>
<timestamp name = "lastUpdatedDatetime" column = "lastUpdatedDatetime"/>
```

```
……
</class>
</hibernate-mapping>
```

注意上述 <timestamp> 标签要紧跟在 <id> 标签之后。下面编写程序向 TB_user 表中插入记录，如下所示：

```
//开启连接,开启事务
User user = new User();
user.setUserame("TEST");
user.setAge(20);
session.save(user);
//提交事务,关闭连接
```

执行上述测试类后得到控制台信息，得到了执行操作的时间点：

```
Hibernate: insert into TB_user (lastUpdatedDatetime, username, age, id) values (?, ?, ?, ?)
```

不需要用户自己去设置数据库中的 version 号或时间戳，当初始化一个版本依附的对象时（例如此版本用于管理一个用户资料），Hibernate 会初始化版本号，并且在对象被更改时修改这个版本号。当新插入一条记录时，Hibernate 会自动调用当前系统时间为 lastUpdatedDatetime 字段赋值；当更新一条记录时，Hibernate 也会把 lastUpdatedDatetime 字段值更新为当前系统时间。

与 version 检查相比，timestamp 稍微不太安全，因为理论上在同一个毫秒级别，两个并发线程可以同时加载和 update 相同的数据项，但实际上这种情况极少发生（几乎不可能）。尽管如此，还是建议使用一个数字的版本来实现乐观锁定。

乐观锁定总是假设比较安全，冲突可能会产生但是这种情况极少。与悲观锁定数据不让外界访问并且立即强制事务进入队列相比，其资源耗费要少得多。

第 9 节　Spring 整合 Hibernate

Spring 具有良好的开放性，能与大部分 ORM 框架良好整合。

时至今日，极少有 J2EE 应用会直接以 JDBC 方式进行持久层访问，因为使用面向对象的程序设计语言来访问关系型数据库更为安全和稳妥。大部分时候，J2EE 应用都会以 ORM 框架来进行持久层访问，在所有的 ORM 框架中，Hibernate 以其灵巧、轻便的封装赢得了众多开发者的青睐。

下面以项目实例 Spring_Hibernate 为例，详细介绍 Spring 与 Hibernate 的整合。

首先，建立项目 Spring_Hibernate 环境，加载各种 jar 包，本书使用 Hibernate 3.3.2 和 Spring 2.5 来进行搭建项目开发平台。相关的具体的 jar 引用以及相关配置文件不再详细介绍。

首先，建立 Hibernate 相关实体类和相关映射文件。

【例 5.54】　Log.java 实体类。

```
package com.hibernate.entity;
import java.util.Date;
public class Log {
    private int id;
    private String type;    // 类型:用户访问的类型
    private String detail;  //类型说明详细信息
    private Date time;      //用户访问的时间
    //省略 get/set 方法
}
```

【例 5.55】　Log.hbm.xml 映射文件。

```
<? xml version = "1.0"? >
<! DOCTYPE hibernate - mapping PUBLIC
```

```
    " - //Hibernate/Hibernate Mapping DTD 3.0//EN"
    "http://hibernate.sourceforge.net/hibernate-mapping-3.0.dtd">
    <hibernate-mapping package="com.hibernate.entity">
      <class name="Log" table="t_log">
        <id name="id">
          <generator class="native"/>
        </id>
        <property name="type"/>
        <property name="detail"/>
        <property name="time"/>
      </class>
    </hibernate-mapping>
```

【例 5.56】 User.java 实体类。

```
package com.hibernate.entity;
public class User {
  private int id;
  private String name;
  //省略 get/set 方法
}
```

【例 5.57】 User.hbm.xml 映射文件。

```
<?xml version="1.0"?>
<!DOCTYPE hibernate-mapping PUBLIC
    " - //Hibernate/Hibernate Mapping DTD 3.0//EN"
    "http://hibernate.sourceforge.net/hibernate-mapping-3.0.dtd">
    <hibernate-mapping package="com.hibernate.entity">
```

```
<class name = "User" table = "user" >
    <id name = "id" >
      <generator class = "native" / >
    </id>
    <property name = "name" / >
</class>
</hibernate-mapping>
```

然后，配置 hibernate.cfg.xml 配置文件，建立数据库连接以及引入两个映射文件。然后，引入 Spring 的配置管理器（applicationContext.xml）。

一、管理 SessionFactory

在通过 Hibernate 进行持久层访问时，Hibernate 的 SessionFactory 是一个非常重要的对象，它是单个数据库映射关系编译后的内存镜像。大部分情况下，一个 J2EE 应用对应一个数据库，也即对应一个 SessionFactory 对象。

在纯粹的 Hibernate 访问中，应用程序需要手动创建 SessionFactory 实例，这不是一个优秀的策略。在实际开发中，程序员通常都希望以一种声明式的方式管理 SessionFactory 实例，直接以配置文件来管理 SessionFactory 实例（参照 Spring 部分的依赖注入）。

Spring 的 IoC 容器提供了更好的管理方式，它不仅能以声明式的方式配置 SessionFactory 实例，也可充分利用 IoC 容器的作用，为 SessionFactory 注入数据源引用。

使用 LocalSessionFactoryBean 并不是真正的 SessionFactory，但 Spring 会自动把对这个 bean 的引用转换成 LocalSessionFactoryBean 里面的 SessionFactory。所以不需要显示的定义 SessionFactory。

下面是 Spring 配置文件 applicationContext.xml 中配置 Hibernate SessionFactory 的示范代码，创建了一个名为 SessionFactry 的 bean，使用 Spring 提供的 LocalSessionFactoryBean，其中有参数提供 configLoaction，传入 Hibernate 配置文件。

【例 5.58】 applicationContext.xml 配置代码如下：

```
<? xml version = "1.0" encoding = "GBK"? >
<beans
```

```
xmlns = "http://www.springframework.org/schema/beans"
        xmlns:xsi = "http://www.w3.org/2001/XMLSchema-instance"
        xsi:schemaLocation = " http:// www. springframework. org/
schema/beans
http://www.springframework.org/schema/beans/spring-beans.xsd" >
        <!--定义Hibernate的SessionFactory-->
    <bean id = "sessionFactory"
class = "org.springframework.orm.hibernate3.
    LocalSessionFactoryBean" >
    <property name = "configLocation" >
        <value>classpath:hibernate.cfg.xml</value>
    </beans>
```

二、管理 DataSource

这里直接引用了 Hibernate 配置文件的方式来实现与数据库的交互。这种方式在项目开发过程中很方便，但是无法有效地与 DataSource 进行集成。

而 DataSource 用于集中管理数据库连接，严重影响系统效率。Spring 提供了 DriverManagerDataSource 来管理。这样和以前的获取一个 JDBC 的连接方式类似。

首先指定 JDBC 驱动程序的全限定名，这样 DriverManager 才能加载 JDBC 驱动类。一旦获得 DataSource 实例，就可以通过其获得数据库的连接。

【例 5.59】 applicationContext.xml 配置 DataSource 实例的代码如下：

```
    <bean id = "dataSource"
class = " org.springframework.jdbc.datasource.DriverMangaerDataSource"
    destroy-method = "close" >
        <!--指定DataS连接数据库的驱动-->
            <property name = "driverClass"
value = "com.mysql.jdbc.Driver"/>
```

```xml
<!--指定连接数据库的URL-->
<property name="URL" value="jdbc:mysql://localhost/SH_test"/>
    <!--指定连接数据库的用户名-->
    <property name="user" value="root"/>
    <!--指定连接数据库的密码-->
    <property name="password" value="root"/>

</bean>
```

完成DataSource配置后,需要将DataSource注入到SessionFactory中。

则例5.58中的SessionFactory重新修改后,代码如下:

```xml
<bean id="sessionFactory"
class="org.springframework.orm.hibernate3.LocalSessionFactoryBean">
    <property name="DataSource">
        <ref bean="dataSource"></ref>
    </property>
    <!--定义Hibernate的SessionFactory的属性-->
    <property name="hibernateProperties">
        <props>
            <prop key="hibernate.dialect">org.hibernate.dialect.MySQLDialect</prop>
            <!--在控制台显示hql语句-->
            <prop key="hibernate.show_sql">true</prop>
        </props>
    </property>
    <!-- mappingResources属性用来列出映射文件-->
    <property name="mappingResources">
```

```
    <list>
<value>cn/jbit/jboa/entity/User.hbm.xml</value>
    </list>
        </property>
    </bean>
```

一旦在 Spring 的 IoC 容器中配置了 SessionFactory bean，它将随应用的启动而加载，并可以充分利用 IoC 容器的功能，将 SessionFactory bean 注入任何 bean，如 DAO 组件。一旦 DAO 组件获得了 SessionFactory bean 的引用，就可以完成实际的数据库访问。

三、DAO（Data Access Object）组件

1. DAO 的基本概念

DAO 即数据访问对象。Spring 提供的 DAO 支持的目的是便于以一致的方式使用不同的数据访问技术，如 JDBC、Hibernate 或者 JDO 等。

DAO 模式是一种标准的 J2EE 设计模式，DAO 模式的核心思想是，所有的数据库访问，都通过 DAO 组件完成，DAO 组件封装了数据库的增、删、改等原子操作。而业务逻辑组件则依赖于 DAO 组件提供的数据库原子操作，完成系统业务逻辑的实现。

DAO 组件是整个 J2EE 应用的持久层访问的重要组件，每个 J2EE 应用的底层实现都难以离开 DAO 组件的支持。Spring 为实现 DAO 组件提供了许多工具类，系统的 DAO 组件可通过继承这些工具类实现，从而使 DAO 组件的实现更加简便。

2. DAO 支持类

Spring 的 DAO 支持，允许使用相同的方式、不同的数据访问技术，如 JDBC、Hibernate 或 JDO。Spring 的 DAO 在不同的持久层访问技术上提供抽象，应用的持久层访问基于 Spring 的 DAO 抽象。因此，应用程序可以在不同的持久层访问技术之间切换。

为了便于以一种一致的方式使用各种数据访问技术，如 JDBC、JDO 和 Hibernate。Spring 提供了一系列的抽象类，通过继承这些抽象类，Spring 简化了 DAO 的开发步骤，能以一致的方式使用数据库访问技术。

（1）jdbcDaoSupport：JDBC 数据访问对象的基类。需要一个 dataSource，同时为子类提供了 jdbcTemplate。

（2）jdoDaoSupport：JDO 数据访问对象的基类。需要设置 persistenceManagerFactory，同时为子类提供了 jdoTemplate（）方法。

(3) jpaDaoSupport：JPA 数据访问对象的基类。需要一个 entityManagerFactory，同时，为子类提供 jpaTemplate。

(4) HibernateDaoSupport：Hibernate 数据访问对象的基类。需要一个 SessionFactory，同时为子类提供了封装 HibernateTemplate。也可以直接通过提供一个 HibernateTemplate 来初始化。

这些 DAO 支持类对于实现 DAO 组件大有帮助，因为这些 DAO 支持类已经完成了大量基础性工作。

四、HibernateDaoSupport 的应用

Spring 为 Hibernate 的 DAO 提供了工具类 HibernateDaoSupport。该类主要提供以下两个方法以方便 DAO 的实现。

第一种方法：public final void setSessionFactory（SessionFactory sessionFactory）

第二种方法：public final HibernateTemplate getHibernateTemplate（）

其中，setSessionFactory 方法可用于接收 Spring 的 ApplicationContext 的依赖注入，可接收配置在 Spring 的 SessionFactory 实例，getHibernateTemplate 方法用于返回通过 SessionFactory 产生的 HibernateTemplate 实例，持久层访问依然通过 HibernateTemplate 实例完成。

下面实现的 logDAOImpl 继承了 Spring 提供的 HibernateDaoSupport 类，实现了 logDAO 接口。

【例5.60】 UserDaoHibImpl.java

```
package com.hibernate.DaoImpl;
import java.util.Date;
import org.springframework.orm.hibernate3.support.HibernateDaoSupport;
import com.hibernate.Dao.LogDAO;
import com.hibernate.entity.Log;
import com.hibernate.test.HibernateUtils;
public class LogDAOImpl extends HibernateDaoSupport implements LogDAO{
    public void addLog(Log log){
        this.getHibernateTemplate().save(log);
    }
}
```

这段代码与 JDBC 数据操作等实现相比，代码大为简化。HibernateDaoSupport 类提供了 getHibernateTemplate 方法，该方法获得 HibernateTemplate 对象，该对象提供了很多方法，提供数据库操作。常见方法及功能如下：

- void delete（Object entity）。删除指定持久化实例。
- deleteAll（Collection entities）。删除集合内全部持久化类实例。
- find（String queryString）。根据 HQL 查询字符串来返回实例集合。
- findByNamedQuery（String queryName）。根据命名查询返回实例集合。
- get（Class entityClass, Serializable id）。根据主键加载特定持久化类的实例。
- save（Object entity）。保存新的实例。
- saveOrUpdate（Object entity）。根据实例状态，选择保存或者更新。
- update（Object entity）。更新实例的状态，要求 entity 是持久状态。
- setMaxResults（int maxResults）。设置分页的大小。

同样，UserDAOImpl.java 设置如下，其中测试了添加日志的实例。

【例 5.61】 UserDAOImpl.java。

```
package com.hibernate.DaoImpl;
import java.util.Date;
import org.hibernate.Session;
importorg.springframework.orm.hibernate3.support.HibernateDaoSupport;
import com.hibernate.Dao.LogDAO;
import com.hibernate.Dao.UserDAO;
import com.hibernate.entity.Log;
import com.hibernate.entity.User;
import com.hibernate.test.HibernateUtils;
public class UserDAOImpl extends HibernateDaoSupport implements UserDAO{
    private LogDAO logDao;      //set 方法 将日志引入用户DAO

    public void addUser(User user){
        this.getHibernateTemplate().save(user);
```

```
    Log log = new Log();
    log.setType("设置日志模式");
    log.setDetail("进入系统");
    log.setTime(new Date());
    logDao.addLog(log);
//throw new java.lang.RuntimeException();
    /*Session session = null;
    try(
    session = HibernateUtil.getSession();
    session.beginTransaction();
    session.save(user);
    session.getTransation.commit();
    )
    catch(Exception e)
    {
      e.printStackTrace();
      session.getTransation().rollback();

    }finally{
      HiberanteUtils.closeSession(session);
    }
    public LogDAO getLogDao(){
    return logDao;
}
public void setLogDao (LogDAO logDao){
    this.logManager = logManager;
}
```

在 Spring 的容器 applicationContext.xml 中配置两个 DAO,让容器来管理 DAO。设置将 logDAO 注入到 userDAO 中去,实现调用。

【例 5.62】 applicationContext.xml 部分代码。

```xml
<bean id="logDAO" class="com.hibernate.DaoImpl.LogDAOImpl">
    <property name="sessionFactory" ref="sessionFactory"></property>
</bean>
<bean id="userDAO" class="com.hibernate.DaoImpl.UserDAOImpl">
    <property name="sessionFactory" ref="sessionFactory"/>
    <property name="logDAO" ref="logDAO"></property>
</bean>
```

设计测试类 test.java。设置用户实例，读取 Spring 的容器，将访问的 bean 拿出，为用户添加相对应的内容。代码如下。

【例 5.63】 test.java 测试类。

```java
package com.hibernate.test;

import org.springframework.context.ApplicationContext;
import org.springframework.context.support.ClassPathXmlApplicationContext;

import com.hibernate.Dao.UserDAO;
import com.hibernate.DaoImpl.UserDAOImpl;
import com.hibernate.entity.User;

public class Test {
```

```
    public static void main(String[] args) {
        User user = new User();
        user.setName("王小明");

        ApplicationContext context =
            new ClassPathXmlApplicationContext("applicationContext.xml");

        //BeanFactory factory = new ClassPathXmlApplicationContext("applicationContext.xml");
        UserDAO userDao = (UserDAO)context.getBean("userDAO");

        userManager.addUser(user);

    }
}
```

五、声明式事务管理

通过 Hibernate、Spring 集成框架，再加入 struts 框架，使得控制器组件、业务逻辑组件、DAO 组件无缝集成，几乎可以形成一个完整的 Java EE 应用。但存在事务控制问题，因为该系统没有任何事务逻辑，这会极大地影响其的应用。

Spring 提供了非常简洁的声明式事务控制，只需要在配置文件中增加事务控制片段，业务逻辑代码无须任何改变。Spring 的声明式事务逻辑，甚至支持在不同事务策略之间切换。

要想达到这个目的，需要使用 Spring 的 AOP 代理机制，代理会拦截所有的方法调用。如果方法名位于事务配置中，代理所起的通知（around）的作用。它会在目标方法调用前开启事务，然后在一个 try/catch 块中执行目标方法。

如果目标方法正常完成，代理会提交事务，如果目标输出异常，代理就会进行事务回滚。

Spring 在其配置文件中使用一个 <tx:advice> 元素配置事务管理，该元素表明会创建一个事务处理通知。然后，创建 AOP 切入点，该切入点配置所有带事务的方法并引起事务性通知。

修改 applicationContext.xml 文件，添加声明事务管理机制代码如下：

```xml
    <!-- 配置 Hibernate 的局部事务管理器 -->
        <!-- 使用 HibernateTransactionManager 类,该类是 PlatformTransactionManager 接口,针对采用 Hibernate 持久化连接的特定实现 -->
    <bean id = "transactionManager"
    class = "org.springframework.orm.hibernate3.HibernateTransactionManager">
    <!-- HibernateTransactionManager Bean 需要依赖注入一个 SessionFactory bean 的引用 -->
        <property name = "sessionFactory" ref = "sessionFactory"/>
    </bean>




    <!-- 配置事务的传播特性 -->
    <tx:advice id = "txAdvice" transaction-manager = "transactionManager">
        <tx:attributes>
            <tx:method name = "add*" propagation = "REQUIRED"/>
            <tx:method name = "del*" propagation = "REQUIRED"/>
            <tx:method name = "modify*" propagation = "REQUIRED"/>
            <tx:method name = "*" read-only = "true"/>
        </tx:attributes>
```

```
        </tx:advice>
    <!--哪些类的哪些方法参与事务 -->
    <aop:config>
        <aop:pointcut id="allManagerMethod"
expression="execution( * com.hibernate.Dao.*.*(..))"/>
        <aop:advisor pointcut-ref="allManagerMethod"
advice-ref="txAdvice"/>
    </aop:config>
</bean>
```

其中,事务管理器负责管理提供对事务处理的全面支持和统一管理。Spring 没有直接管理事务,而是将管理事务的责任委托给某个特定平台的事务实现,见表 5—9。

表 5—9　　　　　　　　　　　事务管理器实现

事务管理器实现	目　标
org.springframework.jdbc.datasource.DataSourceTransactionManager	在单一的 JDBC Datasource 中的管理事务
org.springframework.orm.hibernate.HibernateTransactionManager	当持久化机制是 Hibernate 时,用它来管理事务
org.springframework.jdo.JdoTransactionManager	当持久化机制是 JDO 时,用它来管理事务
org.springframework.transaction.jta.JtaTransactionManager	使用一个 JTA 实现来管理事务,在一个事务跨越多个数据源时使用
org.springframework.orm.ojb.PersistenceBrokerTransactionManager	当 apache 的 OJB 被用做持久化机制时,用它来管理事务

<tx-:advice>元素内设置 id 和 transaction 属性。id 是 advice bean 的标识,而 transaction-manager 则是应用 HibernateTransactionManager。

<tx:attributes/>元素定制了<tx:advice>所创建的通知,定义了属性以及声明事务的规则。使以 HibernateTransactionManager 属性表达式所支持的属性以更加结构化的方式进行配置。

<tx:method>的 propagation 属性表示事务的传播行为,传播行为见表 5—10。

表 5—10　　　　　　　　　　声明式事务传播行为

传播行为	含 义
PROPAGATION_REQUIRED	表示当前方法必须运行在一个事务中。若一个现有的事务正在进行中，该方法将会运行在这个事务中。否则的话，就要开一个新的事务
PROPAGATION_REQUIRES_NEW	表示当前方法必须运行在它自己的事务里。它将启动一个新的事务。如果一个现有事务在运行，将在这个方法运行期间被挂起
PROPAGATION_SUPPORTS	当前方法不需要事务处理环境，但如果有一个事务已经在运行，此方法可以在这个事务里运行
PROPAGATION_MANDATORY	该方法必须运行在一个事务中。如果当前事务不存在，将输出一个异常
PROPAGATION_NESTED	若当前已经存在一个事务，则该方法应当运行在一个嵌套的事务中。被嵌套的事务可以从当前事务中单独地提交或回滚。若当前事务不存在，则看起来和 PROPAGATION_REQUIRED 一样
PROPAGATION_NEVER	当前的方法不应该运行在一个事务上下文中。如果当前存在一个事务，则会输出一个异常
PROPAGATION_NOT_SUPPORTED	表示该方法不应在事务中运行。如果一个现有的事务正在运行，它将在该方法的运行期间被挂起。如果使用 JTA 的事务管理器，需要访问 jtatransactionmanager

最后通过 <tx:advice> 创建事务处理通知，为对应路径下的内容都创建 serviceMethod 切入点。并通过 advisor 将事务通知 txdvice 和切入点结合在一起。

第 10 节　Hibernate 开发案例

一、系统功能需求

学员信息管理系统主要包括以下功能模块：

1. 学员注册。
2. 学员信息浏览。
3. 学员信息更新。
4. 删除学员信息。

二、系统架构设计

本系统整合了 Struts2，Hibernate 和 Spring 技术，实现了 MVC 模式，主要包括表现层、控制层、业务逻辑层和持久化层，其中：

1. 表现层

主要为 JSP 页面，采用了 Struts2 标签，EL 表达式。

2. 控制层

采用 Struts2 的 action 控制。

3. 业务逻辑层

业务逻辑层各业务逻辑类的管理采用 Spring 技术进行统一管理。

4. 持久化层

该层采用的 ORMapping 工具为 Hibernate，而对事务的控制统一采用 Spring 进行管理。

三、数据库设计

本系统主要包括两张表，分别为学员信息表，学员系部表。学员表（student）用于存储学员的基本信息，班级表（department）用于存储班级系部信息。

其表结构如图 5—22 和图 5—23 所示。

Column Name	Datatype	NOT NULL	AUTO INC	Flags	Default Value	Comment
id	INT(11)	✓	✓	UNSIGNED ZEROFILL	NULL	
birthDate	DATETIME				NULL	
sex	VARCHAR(255)			BINARY	NULL	
studentname	VARCHAR(255)			BINARY	NULL	
studentnumber	VARCHAR(255)			BINARY	NULL	
tel	VARCHAR(255)			BINARY	NULL	
time	DATETIME				NULL	
clazz_id	INT(11)			UNSIGNED ZEROFILL	NULL	

图 5—22　学员表

Column Name	Datatype	NOT NULL	AUTO INC	Flags	Default Value	Comment
id	INT(11)	✓	✓	UNSIGNED ZEROFILL	NULL	
classname	VARCHAR(255)			BINARY	NULL	
faculty	VARCHAR(255)			BINARY	NULL	
major	VARCHAR(255)			BINARY	NULL	

图 5—23　班级表

数据库的脚本如下：

```sql
CREATE DATABASE IF NOT EXISTS sshstudent;
USE sshstudent;
```

创建班级表脚本如下：

```sql
DROP TABLE IF EXISTS 'clazz';
CREATE TABLE 'clazz'(
  'id' int(11) NOT NULL auto_increment,
  'clazzname' varchar(255) default NULL,
  'faculty' varchar(255) default NULL,
  'major' varchar(255) default NULL,
  PRIMARY KEY ('id')
) ENGINE = InnoDB DEFAULT CHARSET = utf8;
```

测试代码如下：

```sql
/*!40000 ALTER TABLE 'clazz' DISABLE KEYS */;
INSERT INTO 'clazz' ('id','clazzname','faculty','major') VALUES
(1,'软件091','计算机科学与技术系','软件技术');
/*!40000 ALTER TABLE 'clazz' ENABLE KEYS */;
```

创建学员表脚本如下：

```sql
DROP TABLE IF EXISTS 'student';
CREATE TABLE 'student'(
  'id' int(11) NOT NULL auto_increment,
  'birthDate' datetime default NULL,
  'sex' varchar(255) default NULL,
```

```
'studentname' varchar(255) default NULL,
'studentnumber' varchar(255) default NULL,
'tel' varchar(255) default NULL,
'time' datetime default NULL,
'clazz_id' int(11) default NULL,
PRIMARY KEY ('id'),
KEY 'FKF3371A1BA3B266A8' ('clazz_id'),
CONSTRAINT 'FKF3371A1BA3B266A8' FOREIGN KEY ('clazz_id') REFER-
ENCES 'clazz' ('id')
) ENGINE = InnoDB DEFAULT CHARSET = utf8;
```

四、系统功能模块图

该模块主要显示学员管理的信息查看、注册、修改以及删除的功能,该功能模块如图5—24所示。

五、系统结构实现

本系统采用SSH框架实现,开发之前将相应的jar文件加入到WEB-INF/lib目录下的jar包,列表如图5—25所示。

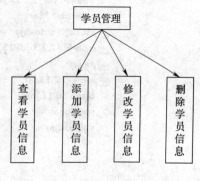

图5—24 功能模块图

web.xml需要添加Struts2的filterDispatcher,并需要配置Spring的监听器,使得在工程启动时能自动加载Spring的默认配置文件(WEB-INF下的applicationContext.xml)。

【例5.64】 web.xml文件的内容如下所示:

```
<? xml version = "1.0" encoding = "UTF-8"? >
<beans
xmlns = "http://www.springframework.org/schema/beans"
    xmlns:xsi = "http://www.w3.org/2001/XMLSchema-instance"
    xmlns:context = "http://www.springframework.org/schema/context"
```

- antlr-2.7.2.jar
- asm.jar
- c3p0-0.9.0.jar
- cglib-2.1.3.jar
- classes12.jar
- commons-beanutils.jar
- commons-collections-3.1.jar
- commons-dbcp-1.4.jar
- commons-fileupload-1.2.1.jar
- commons-io-1.3.2.jar
- commons-lang-2.3.jar
- commons-logging.jar
- commons-pool-1.5.5.jar
- cyhpage.jar
- dom4j-1.6.1.jar
- ehcache-1.2.3.jar
- ezmorph-1.0.2.jar
- freemarker-2.3.13.jar
- hibernate3.jar
- jdbc2_0-stdext.jar
- json-lib-2.2.3-jdk15.jar
- jta.jar
- log4j-1.2.11.jar
- ognl-2.6.11.jar
- spring.jar
- sqljdbc.jar
- struts2-core-2.1.6.jar
- struts2-spring-plugin-2.1.6.jar
- xwork-2.1.2.jar
- xwork-core-2.2.1.jar

图 5—25 系统 jar 包

```
    xmlns:aop = "http://www.springframework.org/schema/aop"
    xmlns:tx = "http://www.springframework.org/schema/tx"
    xsi:schemaLocation = "http://www.springframework.org/schema/beans
http://www.springframework.org/schema/beans/spring-beans-2.5.xsd
        http://www.springframework.org/schema/context

http://www.springframework.org/schema/context/spring-context-2.5.xsd
```

```
                http://www.springframework.org/schema/aop
http://www.springframework.org/schema/aop/spring-aop-2.5.xsd
            http://www.springframework.org/schema/tx
http://www.springframework.org/schema/tx/spring-tx-2.5.xsd">

    <context:annotation-config/>
    <context:component-scan base-package="com"/>

    <bean
    class="org.springframework.beans.factory.config.PropertyPlaceholderConfigurer">
        <property name="locations">
            <value>classpath:jdbc.properties</value>
        </property>
    </bean>

    <bean id="dataSource" destroy-method="close"
        class="org.apache.commons.dbcp.BasicDataSource">
        <property name="driverClassName" value="${jdbc.driverClassName}"/>
        <property name="url" value="${jdbc.url}"/>
        <property name="username" value="${jdbc.username}"/>
        <property name="password" value="${jdbc.password}"/>
        <property name="maxActive" value="${jdbc.maxActive}"/>
        <property name="maxIdle" value="${jdbc.maxIdle}"/>
        <property name="maxWait" value="${jdbc.maxWait}"/>
```

```xml
            <property name="defaultAutoCommit"
value="${jdbc.defaultAutoCommit}"/>
        </bean>

    <bean id="sessionFactory"
    class="org.springframework.orm.hibernate3.annotation.AnnotationSessionFactoryBean">
            <property name="dataSource" ref="dataSource"/>

            <property name="packagesToScan">
                <list>
                    <value>com.model</value>
                </list>
            </property>
            <!--
            <property name="annotatedClasses">
                <list>
                    <value>com.szy.bbs.model.Forum</value>
                    <value>com.szy.bbs.model.Category</value>
                </list>
            </property>
            -->
            <property name="hibernateProperties">
                <props>
                    <prop key="hibernate.dialect">org.hibernate.dialect.MySQLDialect</prop>
                    <prop key="hibernate.hbm2ddl.auto">create</prop>
                    <prop key="hibernate.show_sql">true</prop>
```

```xml
            <prop key="hibernate.show_formate">true</prop>
        </props>
      </property>
   </bean>

   <bean id="hibernateTemplate" class="org.springframework.orm.hibernate3.HibernateTemplate">
      <property name="sessionFactory" ref="sessionFactory"></property>
   </bean>

   <bean id="txManager" class="org.springframework.orm.hibernate3.HibernateTransactionManager">
      <property name="sessionFactory" ref="sessionFactory"/>
   </bean>

   <!-- <tx:annotation-driven transaction-manager="txManager"/> -->

   <aop:config>
      <aop:pointcut id="bussinessService" expression="execution(public * com.servce.*.*(..))"/>
      <aop:advisor pointcut-ref="bussinessService" advice-ref="txAdvice"/>
```

```xml
        </aop:config>
      <tx:advice id="txAdvice" transaction-manager="txManager">
         <tx:attributes>
            <tx:method name="exists" read-only="true"/>
    <!--     <tx:method name="*" propagation="REQUIRED"/> -->
            <tx:method name="*" propagation="REQUIRED"/>
         </tx:attributes>
      </tx:advice>
    </beans>
     <!--   定义Hibernate的SessionFactory事务边界  -->
     <!-- <bean id="userDao" class="com.dao.impl.UserDaoImpl" -->
     <!--      scope="singleton"> -->
     <!--      <property name="sessionFactory"> -->
     <!--         <ref bean="sessionFactory"/> -->
     <!--      </property> -->
     <!-- </bean> -->
     <!-- <bean id="userServiceTarget" class="com.service.impl.UserServiceImpl"> -->
     <!--      <property name="userDao" ref="userDao"></property> -->
     <!-- </bean> -->
     <!--用户管理  -->
     <!-- <bean id="login" class="com.action.LoginAction" scope="prototype"> -->
     <!--      <property name="userService" ref="userService"></property> -->
     <!-- </bean> -->
```

六、实现对 DAO 组件层

1. 实现 StudentDaoImpl 和 ClassDaoImpl 类代码如下：

【例 5.65】 StudentDaoImpl.java

```java
package com.dao.impl;
import java.util.List;
import javax.annotation.Resource;
import org.springframework.orm.hibernate3.HibernateTemplate;
import org.springframework.stereotype.Component;
import com.dao.StudentDao;
import com.model.Student;
import com.model.Teacher;
public class StudentDaoImpl implements StudentDao {

    private HibernateTemplate hibernateTemplate;

    public HibernateTemplate getHibernateTemplate() {
        return hibernateTemplate;
    }

    @Resource
    public void setHibernateTemplate(HibernateTemplate hibernateTemplate) {
        this.hibernateTemplate = hibernateTemplate;
    }

    public Student finaId(Integer id) {

        Student student = (Student)
```

```java
getHibernateTemplate().get(Student.class,
        id);
    return student;
}

public List<Student> findAll() {

    String hql = "from Student";
    List<Student> list = (List<Student>)
getHibernateTemplate().find(hql);

    return list;
}

public void remove(Student student) {
    getHibernateTemplate().delete(student);
}

public void save(Student student) {
    getHibernateTemplate().saveOrUpdate(student);
}

public void update(Student student) {
    getHibernateTemplate().saveOrUpdate(student);
}

public Student findByNumber(String number) {
    List list = getHibernateTemplate().find(
        "from Student as s where s.studentnumber = " + number);
```

```
        Student student = (Student) list.get(0);

        return student;
    }
```

【例 5.66】 ClassDaoImpl 代码如下:

```
package com.dao.impl;

import java.util.List;

import javax.annotation.Resource;

import org.springframework.orm.hibernate3.HibernateTemplate;
import org.springframework.stereotype.Component;

import com.dao.ClazzDao;
import com.model.Clazz;
public class ClassDaoImpl implements ClazzDao {

    private HibernateTemplate hibernateTemplate;


    public HibernateTemplate getHibernateTemplate() {
        return hibernateTemplate;
    }
    public void setHibernateTemplate(HibernateTemplate hibernate-
Template) {
        this.hibernateTemplate = hibernateTemplate;
```

```java
    }

    public void delecte(Clazz clazz) {
        this.getHibernateTemplate().delete(clazz);
    }

    public List <Clazz> findAll() {

        String hql = "from Clazz clazz order by clazz.id";
        List <Clazz> list =
(List <Clazz>)getHibernateTemplate().find(hql);
        return list;
    }

    public Clazz findId(int id) {

        Clazz clazz =
(Clazz)this.getHibernateTemplate().get(Clazz.class, id);
        return clazz;
    }

    public void save(Clazz clazz) {
        this.getHibernateTemplate().saveOrUpdate(clazz);

    }
    public void update(Clazz clazz) {
        this.getHibernateTemplate().update(clazz);

    }
```

```
    }

    public void remove(Student student) {
        getHibernateTemplate().delete(student);
    }

    public void save(Student student) {
        getHibernateTemplate().saveOrUpdate(student);
    }

    public void update(Student student) {
        getHibernateTemplate().saveOrUpdate(student);
    }

}
```

2. student 表的映射文件

student 表的映射文件 Student.hbm.xml 文件如下。

【例 5.67】 Student.hbm.xml 文件。

```
<?xml version = "1.0" encoding = "UTF-8"?>
<!DOCTYPE hibernate-mapping
PUBLIC "-//Hibernate/Hibernate Mapping DTD 3.0//EN"
"http://hibernate.sourceforge.net/hibernate-mapping-3.0.dtd">

<hibernate-mapping>

    <class name = "com.model.Student">
```

```xml
        <id name = "id" column = "id" type = "int" >
          <generator class = "increment" > <! -- 主键 id 的生成方式为自增 -- >
          </generator >
        </id >

          <property name = "studentname" column = "studentname" type = "string" ></property >
          <property name = "studentnumber" column = "studentnumber" type = "string" ></property >
          <property name = "sex" column = "sex" type = "string" ></property >
          <property name = "birthDate" column = "birthDate" type = "java.util.Date" ></property >
          <property name = "tel" column = "tel" type = "string" ></property >
          <property name = "time" column = "time" type = "java.util.Date" ></property >

      </class >

  </hibernate-mapping >
```

3. clazz 表的映射文件：

clazz 表的映射文件 Clazz.hbm.xml 文件如下：

```xml
    <?xml version = "1.0" encoding = "UTF-8"? >
    <! DOCTYPE hibernate-mapping
    PUBLIC "-//Hibernate/Hibernate Mapping DTD 3.0//EN"
    "http://hibernate.sourceforge.net/hibernate-mapping-3.0.dtd" >
```

```xml
<hibernate-mapping>

    <class name="com.model.Class">

        <id name="id" column="id" type="int">
            <generator class="increment"> <!-- 主键id的生成方式为自增 -->
            </generator>
        </id>

        <property name="classname" column="classname" type="string"></property>
        <property name="faculty" column="faculty" type="string"></property>
        <property name="major" column="major" type="string"></property>

        <set name="students">
            <key column="class_id"></key>
            <one-to-many class="com.model.Student"/>
        </set>

    </class>

</hibernate-mapping>
```

七、实现业务逻辑层

业务逻辑类主要包括学员信息浏览、注册学员信息、修改学员信息以及删除学员信息，在StudentServiceImpl.java中实现相应的方法。

接口 StudentService.java 代码如下:

```java
package com.service;

import java.util.List;

import com.model.Student;

public interface StudentService {

    public void add(Student student);

    public void delect(Student student);

    public List<Student> selectAll();

    public Student selectId(int id);

    public void update(Student student);
}
```

其实现类 StudentServceImpl.java 代码如下:

```java
package com.servce.impl;

import java.util.List;

import javax.annotation.Resource;

import org.springframework.stereotype.Component;
```

```java
import com.dao.StudentDao;
import com.model.Student;
import com.servce.StudentServce;
public class StudentServceImpl implements StudentServce {

    private StudentDao studentDao;
    public List<Student> selectAll() {
        List<Student> list =
(List<Student>)studentDao.findAll();

        return list;
    }

    public void add(Student student) {
        studentDao.save(student);

    }

    public void delect(Student student) {
        studentDao.remove(student);
    }

    public Student selectId(int id) {
        Student student = studentDao.finaId(id);
        return student;
    }

    public void update(Student student) {
        studentDao.update(student);
    }
```

```java
    public StudentDao getStudentDao() {
        return studentDao;
    }

    public void setStudentDao(StudentDao studentDao) {
        this.studentDao = studentDao;
    }



}
```

八、实现控制层

创建 StudentAction 类，该类的代码如下：

```java
package com.action;

import java.util.ArrayList;
import java.util.List;
import java.util.Map;

import javax.annotation.Resource;

import org.springframework.context.annotation.Scope;
import org.springframework.stereotype.Component;

import com.model.Clazz;
import com.model.Student;
import com.model.Teacher;
```

```java
import com.opensymphony.xwork2.ActionContext;
import com.opensymphony.xwork2.ActionSupport;
import com.servce.ClazzServce;
import com.servce.StudentServce;
import com.servce.TeacherServce;

@Component("studentAction")
@Scope("prototype")
public class StudentAction extends ActionSupport {

    private Student student;

    private StudentServce studentServce;

    private Clazz clazz;

    private ClazzServce clazzServce;

    private Teacher teacher;

    private TeacherServce teacherServce;

    public String studentSelect() {
        if (student != null
                && !student.getStudentnumber().equals("")) {
            Map request = (Map) ActionContext.getContext().get("request");
            request.put("list",
                    studentServce.findByNumber(student
                            .getStudentnumber()));
```

```java
        } else {
            Map request = (Map) ActionContext.getContext().get("request");
            request.put("list", studentServce.selectAll());
        }
        return "studentSelect";
    }

    public String ctSelect() {
        Map request = (Map) ActionContext.getContext().get("request");
        request.put("list", clazzServce.selectAll());
        request.put("list2", teacherServce.selectAll());
        return "ctSelect";
    }
    public String studentAdd() {

    student.setClazz(clazzServce.selectId(clazz.getId()));

        studentServce.add(student);
        return "studentAdd";
    }

    public String studentDel() {
        studentServce.delect(student);
        return "studentDel";
    }
```

```java
    public String studentUpdatep() {
        this.student = studentServce.selectId(student.getId());
        Map request = (Map) ActionContext.getContext().get("request");
        request.put("list", clazzServce.selectAll());

        request.put("list2", teacherServce.selectAll());
        return "studentUpdatep";
    }

    public String studentUpdate() {

    student.setClazz(clazzServce.selectId(clazz.getId()));

        student.getTeachers().add(teacherServce.selectId(teacher.getId()));

        studentServce.update(student);
        return "studentUpdate";
    }

    public Student getStudent() {
        return student;
    }

    public void setStudent(Student student) {
        this.student = student;
    }
```

```java
    public StudentServce getStudentServce() {
        return studentServce;
    }

    @Resource(name = "studentServce")
    public void setStudentServce(StudentServce studentServce) {
        this.studentServce = studentServce;
    }

    public ClazzServce getClazzServce() {
        return clazzServce;
    }

    public Clazz getClazz() {
        return clazz;
    }

    public void setClazz(Clazz clazz) {
        this.clazz = clazz;
    }

    @Resource(name = "clazzServce")
    public void setClazzServce(ClazzServce clazzServce) {
        this.clazzServce = clazzServce;
    }

    public Teacher getTeacher() {
        return teacher;
    }
```

```java
    public void setTeacher(Teacher teacher) {
        this.teacher = teacher;
    }

    public TeacherServce getTeacherServce() {
        return teacherServce;
    }

    @Resource(name = "teacherServce")
    public void setTeacherServce(TeacherServce teacherServce) {
        this.teacherServce = teacherServce;
    }
}
```

Action 类创建成功后,需要在 struts.xml 文件中进行相应配置,配置信息如下:

```xml
<?xml version="1.0" encoding="UTF-8"?>

<!DOCTYPE struts PUBLIC
    "-//Apache Software Foundation//DTD Struts Configuration 2.1//EN"
    "http://struts.apache.org/dtds/struts-2.1.dtd">

<struts>
<!-- 资源国际化全局配置 -->
    <constant name="struts.custom.i18n.resources" value="globalMessages"></constant>
```

```xml
<package name="user" extends="struts-default">
    <!--错误页面配置-->
    <global-exception-mappings>
        <exception-mapping result="error" exception="java.lang.Exception">/admin/errPage.jsp</exception-mapping>
    </global-exception-mappings>
    <!--处理资源国际化-->
    <action name="LangAction" class="com.action.LangAction">
        <result>/header.jsp</result>
    </action>

    <!--==========================班级action================================-->
    <!--处理班级查询-->
    <action name="clazzSelectAction" class="clazzAction" method="clazzSelect">
        <result name="clazzSelect">/admin/clazzSelect.jsp</result>
    </action>
    <!--处理添加班级-->
    <action name="clazzAddAction" class="clazzAction" method="clazzAdd">
        <result name="clazzAdd" type="redirect">clazzSelectAction</result>
    </action>
    <!--处理删除班级-->
    <action name="clazzDelAction" class="clazzAction" method="clazzDel">
```

```xml
        <result name="clazzDel" type="redirect">clazzSelectAction</result>
        </action>
    <!--处理更新用户1-->
        <action name="clazzUpdatePAction" class="clazzAction" method="clazzUpdatep">
            <result name="clazzUpdatep">/admin/clazzUpdate.jsp</result>
        </action>
    <!--处理更新用户2    -->
        <action name="clazzUpdateAction" class="clazzAction" method="clazzUpdate">
            <result name="clazzUpdate" type="redirect">clazzSelectAction</result>
        </action>


    <!--==========================学生action=================================-->
    <!--处理学生查询-->
        <action name="studentSelectAction" class="studentAction" method="studentSelect">
            <result name="studentSelect">/admin/studentSelect.jsp</result>
        </action>
    <!--处理学生添加前的查询-->
        <action name="studentAddSAction" class="studentAction" method="ctSelect">
```

```xml
            <result name="ctSelect">/admin/studentAdd.jsp</result>
        </action>
    <!--处理学生添加-->
        <action name="studentAddAction" class="studentAction" method="studentAdd">
            <result name="studentAdd" type="redirect">studentSelectAction</result>
        </action>
    <!--处理删除学生-->
        <action name="studentDelAction" class="studentAction" method="studentDel">
            <result name="studentDel" type="redirect">studentSelectAction</result>
        </action>

    <!--处理更新学生1-->
        <action name="studentUpdatePAction" class="studentAction" method="studentUpdatep">
            <result name="studentUpdatep">/admin/studentUpdate.jsp</result>
        </action>
    <!--处理更新学生2  -->
        <action name="studentUpdateAction" class="studentAction" method="studentUpdate">
            <result name="studentUpdate" type="redirect">studentSelectAction</result>
        </action>

    </package>
```

```
</struts>
```

九、实现表现层

首页显示 login. jsp 如图 5—26 所示。

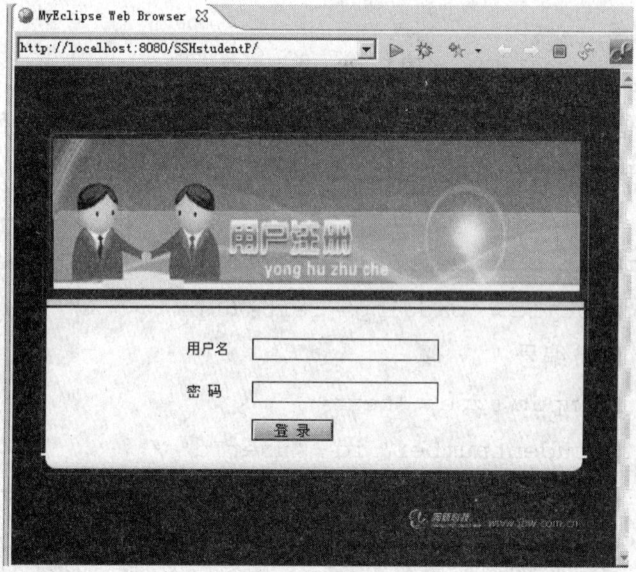

图 5—26　登录界面

学员注册界面 register. jsp，如图 5—27 所示。

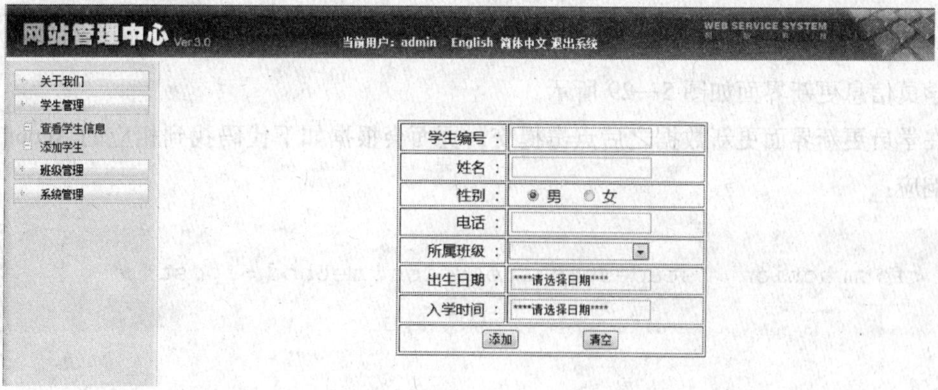

图 5—27　注册界面

学员信息查询界面，如图5—28所示。

图5—28 查询界面

查询学员班级信息时，使用了关联映射，根据在student的配置文件中的配置信息自动从数据库中搜索班级信息：

```html
<form action = "studentSelectAction" method = "post" >
    <div style = "padding-left:60px" >
        学员编号：
        <input type = "text" name = "student.studentnumber" id = "userId" / >
        <input type = "submit" id = "btnSearch" value = " 查询 " / >
    </div>
</form>
<s:property value = "#student.clazz.clazzname"/ >
```

学员信息更新界面如图5—29所示。

在学员更新界面更新数据之后点击提交，页面会根据如下代码找到相应的Action处理页面响应：

```html
<form action = "studentUpdateAction" method = "post" >
```

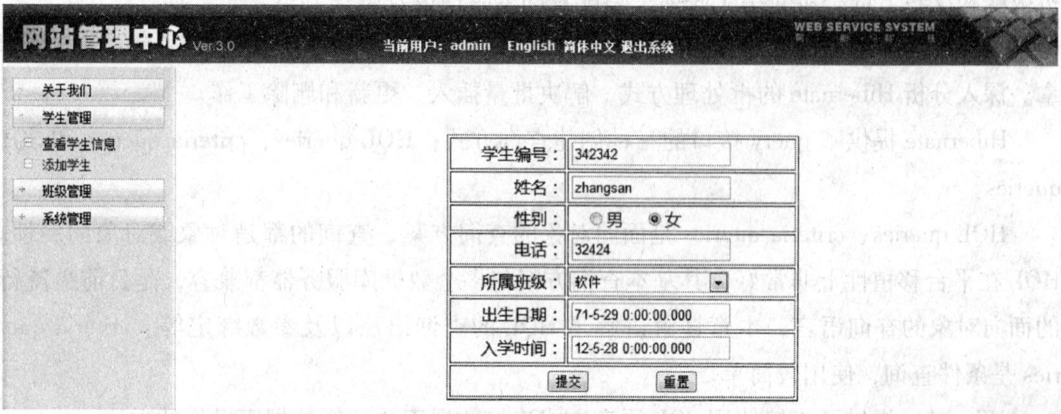

Hibernate 框架封装持久层

图 5—29　信息更新

本章小结

本章围绕对象持久化技术进行探讨，介绍了对象模型与关系模型之间的阻抗不匹配问题。分析 JDBC 的持久化方法。引入了 ORMapping 技术以及持久化开源框架 Hibernate。

通过代码分析，深入核心配置文件 hibernate.cfg.xml 和映射文件 *.hbm.xml，掌握配置方法。通过分析整个 Hibernate 开发步骤，分析了 Hibernate 的核心接口和相关类。例如：SessionFactory、Session、Transaction、query 和 configuration。分别介绍了这五个接口在 Hibernate 开发过程中所起到的作用。

深入分析对象在整个持久化操作过程中的生命周期。确定了对象的四种状态，分别是：

- 临时状态对象（Transient Objects）。
- 持久状态对象（Persistent Objects）。
- 游离状态对象（Detached Objects）。
- 删除状态对象（Removed Objects）。

分析了四种状态对象如何通过 Session 进行相互转换，Session 的作用和清理 Session 缓存的方法，并进一步通过对实体对象进行加载、增、删和更新等操作，讲解了对象的状态转换和 Session 机制，并进一步介绍了 Hibernate 提供了两种缓存机制：一级缓存 Session 以及二级缓存 SessionFactory。

针对数据库中表与表之间的联系，应用面向对象设计的理念，深入分析了实体对象一对多、多对一、一对一以及多对多的关联映射方法。讲解了组件映射和继承映射。通过分析级联和反转,进一步介绍了映射关系配置的复杂性以及解决方案。

通过延迟加载,可以给项目的开发带来优化,不用直接缓存大量的数据,可以即用即拿。深入分析Hibernate的批处理方式,解决批量插入、更新和删除工作。

Hibernate提供了query接口的三种创建查询方式:HQL queries、criteria queries和SQL queries。

HQL queries、criteria queries是面向对象的查询方案,查询的都是对象或对象的属性。HQL在平台移植性上非常好,其基本查询方案与多个数据库服务器都兼容,是目前最流行的面向对象的查询语言,本章详解讲解了HQL的查询语法以及参数绑定等。criteria queries是条件查询,使用较简单。

Hibernate提供了直接使用SQL语言方式连接数据库并访问数据库操作的方法。

Hibernate是持久层框架,直接关联物理数据库,数据库事务是数据库并发控制不可分割的基本操作,是数据库中的单个逻辑单元,一个事务内的所有SQL语句作为一个整体执行,要么全部执行,要么都不执行。通过分析数据库的事务机制,了解Hibernate如何管理事务以及处理并发控制。

Spring框架提供了继承Hibernate的DAO组件,通过IoC容器帮Hibernate封装了SessionFactory,提供了HibernateTemplate()方法,简化了DAO层的开发。

第 6 章

设计模式简介

第 1 节　设计模式概述　　/178
第 2 节　设计模式的原则　/179
第 3 节　常用设计模式　　/201
本章小结　　　　　　　　/235

第1节 设计模式概述

一、设计模式的涵义

设计模式这个术语是由 Erich Gamma 等人在 20 世纪 90 年代从建筑设计领域引入到计算机科学中的。它是对软件设计中普遍存在（反复出现）的各种问题所提出的解决方案。

设计模式并不直接用来完成程序代码的编写，而是描述在各种不同情况下，要怎么解决问题的一种方案。设计模式是一套被反复使用、多数人知晓的，经过分类编目的代码设计经验的总结。

二、学习设计模式的作用

使用设计模式是为了可重用代码，让代码更容易被他人理解，保证代码的可靠性。

1. 复用解决方案

通过复用已经公认的设计，人们能够在解决问题时取得先发优势，而且避免重蹈前人覆辙。人们可以从学习他人的经验中获益，不用为那些总是会重复出现的问题再次设计解决方案。

2. 确立通用术语

开发中的交流和协作都需要共同的词汇基础和对问题的共识。设计模式在项目的分析和设计阶段提供了共同的基准点。

3. 提高观察高度

模式还为人们提供了观察问题、设计过程和面向对象的更高层次的视角，这使人们可以从"过早处理细节"的桎梏中解放出来。

4. 大多数设计模式还能使软件更容易修改和维护

其原因在于，它们都是久经考验的解决方案。所以，它们的结构都是经过长期发展形成的，比新构思的解决方案更善于应对变化。而且，这些模式所用代码往往更易于理解，从而使代码更易维护。

三、设计模式的基本要素

1. 模式名

每一个模式都有自己的名字,模式的名字使得人们可以讨论彼此的设计。

2. 问题

问题是当面向对象的系统设计过程中反复出现某种特定场合时采用某个模式进行处理可以简化问题。

3. 解决方案

上述问题的解决方案,其内容给出了设计的各个组成部分,它们之间的关系、职责划分和协作方式。

4. 效果

效果指采用某个模式对软件系统其他部分的影响,如对系统的扩充性、可移植性的影响。效果也包括负面的影响,主要描述使用某模式后的结果、副作用与权衡。

第2节 设计模式的原则

一、单一职责原则(Single Responsibility Principle)

单一职责原则是指,就一个类而言,应该仅有一个引起它的变化的原因。换句话说,一个类的功能要单一,只做与它相关的事情。

该原则提出了对象职责的一种理想期望:对象不应该承担太多职责,唯有专注,才能保证对象的高内聚;唯有单一,才能保证对象的细粒度。对象的高内聚与细粒度有利于对象的重用。

1. 实现方式示例

场景举例说明:对数据库中的 Users 表进行增删改查操作,一般分两步,首先获得数据库连接,然后进行增删改查操作。

(1)实现方式一,违反了单一职责原则。

创建一个 srp.section1.UsersManager 类来实现,代码如下所示:

```java
package srp.section1;

/**
 *对数据库中用户表进行增删改查操作的类
 */
public class UsersManager {

    //提供数据库连接
    public void getConnection(){
        System.out.println("-------提供数据库连接--------");
    }


    //增删改查数据
    public void manageData(String operate){
        if("查询".equals(operate)){
            this.getConnection();
            System.out.println("查询数据表中数据...");
        }else if("插入".equals(operate)){
            this.getConnection();
            System.out.println("插入数据到数据表...");
        }else if("删除".equals(operate)){
            this.getConnection();
            System.out.println("从数据表删除数据...");
        }else if("修改".equals(operate)){
            this.getConnection();
            System.out.println("修改数据表中数据...");
        }else{
            this.getConnection();
        }
```

```java
    }

    // 测试主方法
    public static void main(String[] args) {
        UsersManager manage = new UsersManager();
        manage.manageData("xxxx");
        manage.manageData("查询");
        manage.manageData("插入");
        manage.manageData("删除");
        manage.manageData("修改");
    }
}
```

运行结果如下：

```
-------提供数据库连接--------
-------提供数据库连接--------
查询数据表中数据...
-------提供数据库连接--------
插入数据到数据表...
-------提供数据库连接--------
从数据表删除数据...
-------提供数据库连接--------
修改数据表中数据...
```

分析 srp. section1. UsersManager 类发现两个问题：

第一，在类级别上类 UsersManager 实现了两个功能，一是方法 getConnection 提供数据库连接，另一个是方法 manageData 进行增删改查操作。

第二，在方法级别上方法 manageData 实现了 5 个功能，可以提供连接，进行增删改查操作。

很显然，违反了单一职责原则。

（2）实现方式二，遵循单一职责原则。

创建 srp.section2.ConnectionManager 类来实现提供数据库连接，代码如下所示：

```java
package srp.section2;

/**
 * 专门提供数据库连接的类
 */
public class ConnectionManager {

    // 提供数据库连接
    public void getConnection(){
        System.out.println("-------提供数据库连接--------");
    }

}
```

创建 srp.section2.UsersManager 类来实现增删改查操作，代码如下所示：

```java
package srp.section2;

/**
 * 对数据库中某一张表进行增删改查操作的类
 */
public class UsersManager extends ConnectionManager{

    // 查数据
    public void selectData(){
        this.getConnection();
        System.out.println("查询数据表中数据...");
```

```java
    }

    // 增数据
    public void addData(){
        this.getConnection();
        System.out.println("插入数据到数据表...");
    }

    // 删数据
    public void deleteData(){
        this.getConnection();
        System.out.println("从数据表删除数据...");
    }

    // 改数据
    public void modifyData(){
        this.getConnection();
        System.out.println("修改数据表中数据...");
    }

    // 测试主方法
    public static void main(String[] args) {
        UsersManager manage = new UsersManager();
        manage.getConnection();
        manage.selectData();
        manage.addData();
        manage.deleteData();
        manage.modifyData();
    }
}
```

运行结果如下：

```
-------提供数据库连接---------
-------提供数据库连接---------
查询数据表中数据...
-------提供数据库连接---------
插入数据到数据表...
-------提供数据库连接---------
从数据表删除数据...
-------提供数据库连接---------
修改数据表中数据...
```

很显然，实现方式二，代码可读性高，易维护。

2. 遵循单一职责原则的优点

（1）可以降低类的复杂度，一个类只负责一项职责，其逻辑肯定要比负责多项职责简单得多。

（2）提高类的可读性，提高系统的可维护性。

（3）变更引起的风险降低，变更是必然的，如果单一职责原则遵守的好，当修改一个功能时，可以显著降低对其他功能的影响。

二、里氏替换原则（Liskov Substitution Principle）

里氏替换原则是指，继承必须确保父类所拥有的性质在子类中仍然成立。

1. 场景举例说明

由类 lsp.section1.Add 来负责完成一个两个整数相加的运算功能，代码如下所示：

```java
package lsp.section1;

/**
 *加法运算类
 */
public class Add {
```

```java
    public int add(int a, int b){
        return a +b;
    }
}
```

由类 lsp.section1.Users 使用加法运算功能进行两个加法运算,代码如下所示:

```java
package lsp.section1;

/**
 *用户类,使用加法运算功能
 */
public class Users{
    public static void main(String[] args){
        Add add = new Add();
        System.out.println("100 +10 = " +add.add(100,10));
        System.out.println("100 +20 = " +add.add(100,20));
    }
}
```

运行结果如下:

```
100 +10 =110
100 +20 =120
```

接下来尝试在 Add 类的基础上,实现一个简单的能进行加减乘除运算的计算器。
类 lsp.section2.Add 的内容不变,代码如下:

```java
package lsp.section2;

/**
 * 加法运算类
 */
public class Add {

    public int add(int a, int b){
        return a + b;
    }
}
```

创建了类 lsp.section2.Calculator 继承了类 lsp.section2.Add，并补充减乘除的功能方法即可，代码如下：

```java
package lsp.section2;

/**
 * 计算器类,继承加法运算类
 */
public class Calculator extends Add{

    // 加法操作
    public int add(int a, int b){
        return a - b;
    }

    // 减法操作
    public int substract(int a, int b){
        return a - b;
    }
```

```java
    //乘法操作
    public int multiply(int a, int b){
        return a*b;
    }

    //除法操作
    public int divide(int a, int b){
        return a/b;
    }
}
```

用户类 lsp.section2. Users 使用计算器进行加减乘除操作，代码如下：

```java
package lsp.section2;

/**
 *用户类,使用计算器进行加减乘除操作
 */
public class Users{

    public static void main(String[] args){
        Calculator cal = new Calculator();
        System.out.println("100+10 = "+cal.add(100,10));
        System.out.println("100+20 = "+cal.add(100,20));

        System.out.println("100+20-100 = "+cal.substract(cal.add(100,20),100));
        System.out.println("100*20/100 = "+cal.divide(cal.multiply(100,20),100));
    }
}
```

运行结果如下：

```
100 +10 =90
100 +20 =80
100 +20 −100 = −20
100 *20 / 100 =20
```

分析运行结果，可发现出现了错误的结果。

分析确定错误原因是在子类 lsp. section2. Calculator 无意中重写了父类 lsp. section2. Add 中的 add 方法，且子类中的 add 方法返回值编写错误。用户类 lsp. section2. Users 没有调用父类 lsp. section2. Add 中编写正确的 add 方法，而是调用了子类 lsp. section2. Add 中的编写错误的 add 方法，从而造成新功能增加过程中的失误，使原本运行正常的功能出现了故障。

所以，使用继承会给程序带来侵入性，使程序的可移植性降低，增加对象间的耦合性，如果一个类被其他的类所继承，则当这个类需要修改时，必须考虑到所有的子类，并且父类修改后，所有涉及子类的功能都有可能会产生故障。

2. 里氏替换原则的四层含义

里氏替换原则，通俗地讲就是子类可以扩展父类的功能，但不能改变父类原有的功能。包含以下四层含义：

（1）子类可以实现父类的抽象方法，但不能覆盖父类的非抽象方法。

（2）子类中可以增加自己特有的方法。

（3）当子类的方法重载父类的方法时，方法的前置条件（即方法的形参）要比父类方法的输入参数更宽松。

（4）当子类的方法实现父类的抽象方法时，方法的后置条件（即方法的返回值）要比父类更严格。

三、依赖倒置原则（Dependence Inversion Principle）

依赖倒置原则是指高层模块不应该依赖低层模块，两者都应该依赖其抽象；抽象不应该依赖细节，细节应该依赖抽象。这个原则也符合面向接口编程的思想。

场景举例说明：

球类玩家，在玩足球前先要学习玩球的规则，给该玩家一个足球，他就可以按照规则来学习了。

类 dip.section1.Football 代表足球类，代码如下：

```java
package dip.section1;

/**
 *足球类,提供踢足球规则
 */
public class Football{

  public String getRules(){
      return "足球规则是这样的....";
  }

}
```

类 dip.section1.Player 代表玩家类，代码如下：

```java
package dip.section1;

/**
 *玩家,学习玩球的规则
 */
public class Player{

  //学习规则,依赖于类Football
  public void studyRules(Football ball){
      System.out.println("---玩家开始学习玩球了---");
      System.out.println(ball.getRules());
  }
```

```java
// 模拟学习足球规则
public static void main(String[] args){
    Player player = new Player();
    player.studyRules(new Football());
}
}
```

运行结果如下：

```
玩家开始学习玩球了
足球规则是这样的....
```

足球规则学习完毕，该球类玩家又想学习打篮球的规则。首先想到增加一个篮球类 dip.section1.Basketball，代码如下所示：

```java
package dip.section1;

/**
 *篮球类,提供打篮球规则
 */
public class Basketball {

    public String getRules(){
        return "篮球规则是这样的....";
    }
}
```

但发现玩家类 dip.section1.Player 的 studyRules 方法中，依赖于足球类。如要保持原来代码不变，需要在玩家类中再增加 studyRules 方法，使其依赖于篮球类，代码如下所示：

```java
package dip.section1;

/**
 * 玩家,学习玩球的规则
 */
public class Player {

    // 学习足球规则,依赖于类 Football
    public void studyRules(Football ball){
        System.out.println("---玩家开始学习玩球了---");
        System.out.println(ball.getRules());
    }


    // 学习篮球规则,依赖于类 Basketball
    public void studyRules(Basketball ball){
        System.out.println("---玩家开始学习玩球了---");
        System.out.println(ball.getRules());
    }


    public static void main(String[] args){
        Player player = new Player();
        // 模拟学习足球规则
        player.studyRules(new Football());
        // 模拟学习篮球规则
        player.studyRules(new Basketball());
    }
}
```

运行结果如下:

> 玩家开始学习玩球了
> 足球规则是这样的...
> 玩家开始学习玩球了
> 篮球规则是这样的...

通过在 dip.section1.Player 类中增加 studyRules 方法,实现了新增的玩家需求。但如果玩家学完打篮球规则,想继续学习其他球类的规则,显然这不是好的设计。原因就是玩家类与足球类和篮球类之间的耦合性太高,必须降低它们之间的耦合度才行。

降低耦合度的方式是面向接口编程。引入一个抽象的接口 dip.section2.IBall,只要是球类都要提供玩的规则,代码如下所示:

```java
package dip.section2;

/**
 * 球类接口
 */
public interface IBall {
    // 声明提供球类规则方法
    public String getRules();
}
```

令玩家类与接口 dip.section2.IBall 发生依赖关系,而足球类和篮球类都属于球类,它们各自都去实现 dip.section2.IBall 接口,这样就符合依赖倒置原则了。

足球类 dip.section2.Football 实现 IBall 接口,代码如下所示:

```java
package dip.section2;

/**
 * 足球类,提供踢足球规则
 */
public class Football implements IBall {
```

```java
    public String getRules(){
        return "足球规则是这样的...";
    }
}
```

篮球类 dip.section2.Basketball 实现 IBall 接口，代码如下所示：

```java
package dip.section2;

/**
 * 篮球类,提供打篮球规则
 */
public class Basketball implements IBall{

    public String getRules(){
        return "篮球规则是这样的...";
    }

}
```

玩家类 dip.section2.Player 中 studyRules 方法依赖于接口 IBall，代码如下所示：

```java
package dip.section2;

/**
 * 玩家,学习玩球的规则
 */
public class Player {

    //学习规则
    public void studyRules(IBall ball){
```

```java
            System.out.println("---玩家开始学习玩球了---");
            System.out.println(ball.getRules());
    }

    public static void main(String[] args){
        Player player = new Player();
        // 学习足球规则
        player.studyRules(new Football());
        // 学习篮球规则
        player.studyRules(new Basketball());
    }
}
```

运行结果如下：

玩家开始学习玩球了
足球规则是这样的...
玩家开始学习玩球了
篮球规则是这样的...

降低耦合度的实现方式，以后玩家想学习其他球类的规则，都不需要再修改玩家类，只要再增加一个IBall接口的实现类即可。所以遵循依赖倒置原则可以降低类之间的耦合性，提高系统的稳定性，降低修改程序造成的风险。

四、接口隔离原则（Interface Segregation Principle）

接口隔离原则是指一个类对另一个类的依赖应该建立在最小的接口上。

一个接口代表一个角色，不应当将不同的角色都交给一个接口。没有关系的接口合并在一起，会形成一个臃肿的大接口，这是对角色和接口的污染。

1. 场景举例说明

例如一个购物网站，业务上要求能在前台实现添加订单和查询订单功能，能在后台实现修改订单和查询订单功能。

创建接口 isp.section1.IOrder，声明可对订单进行的操作，代码如下所示：

```
package isp.section1;

/*
*订单接口
*/
public interface IOrder {
    // 添加订单
    public void insertOrder();
    // 查询订单
    public void getOrder();
    // 删除订单
    public void deleteOrder();
    // 修改订单
    public void updateOrder();
}
```

创建类 isp.section1.OrderForeground 实现接口 isp.section1.IOrder，实现功能要求所需要的方法，代码如下所示：

```
package isp.section1;

/**
*网站前台订单类,功能上要求只能添加订单和查询订单
*/
public class OrderForeground implements IOrder {

    public void deleteOrder() {
        // 根据业务需求,此方法不需要实现
    }
```

```java
    public void getOrder() {
        System.out.println("----前台订单查询----");
    }

    public void insertOrder() {
        System.out.println("----前台添加订单----");
    }

    public void updateOrder() {
        // 根据业务需求,此方法不需要实现
    }

    public static void main(String[] args) {
      IOrder fore = new OrderForeground();
      fore.insertOrder();
      fore.getOrder();
    }
}
```

运行结果如下:

```
----前台添加订单----
----前台订单查询----
```

创建类 isp. section1. OrderBackground 实现接口 isp. section1. IOrder,实现功能要求所需要的方法,代码如下所示:

```
package isp.section1;

/**
```

* 网站后台订单类,功能上要求只能查询订单和修改订单
 */
public class OrderBackground implements IOrder {

    public void deleteOrder() {
        // 根据业务需求,此方法不需要实现
    }

    public void getOrder() {
        System.out.println("----后台订单查询----");
    }

    public void insertOrder() {
        // 根据业务需求,此方法不需要实现
    }

    public void updateOrder() {
        System.out.println("----后台订单修改----");
    }

    public static void main(String[] args) {
        IOrder back = new OrderBackground();
        back.getOrder();
        back.updateOrder();
    }
}
```

运行结果如下:

----后台订单查询----
----后台订单修改----
```

分析代码可发现，由于在接口 IOrder 中定义了太多方法，即该接口承担了太多职责，一方面导致该接口的实现类很庞大，在不同的实现类中都不得不实现接口中定义的所有方法，灵活性较差，如果出现大量的空方法，将导致系统中产生大量的无用代码，影响代码质量；另一方面由于客户端针对大接口编程，将在一定程度上破坏程序的封装性，客户端看到了不应该看到的方法，没有为客户端定制接口。因此需要将该接口按照接口隔离原则和单一职责原则进行重构，将其中的一些方法封装在不同的小接口中，确保每一个接口使用起来都较为方便，并都承担某一单一角色，每个接口中只包含一个客户端（如模块或类）所需的方法即可。

对实现方式进行改造，创建前台订单接口 isp.section2.IOrderForeground，代码如下所示：

```java
package isp.section2;

/*
*前台订单接口
*/
public interface IOrderForeground {

    // 添加订单
    public void insertOrder();

    // 查询订单
    public void getOrder();
}
```

创建后台订单接口 isp.section2.IOrderBackground，代码如下所示：

```java
package isp.section2;

/*
*后台订单接口
```

```
*/
public interface IOrderBackground {

    // 查询订单
    public void getOrder();

    // 修改订单
    public void updateOrder();
}
```

创建订单类 isp.section2.Order，实现接口 isp.section2.IOrderForeground 和 isp.section2.IOrderBackground，代码如下所示：

```
package isp.section2;

/**
 *网站订单类,实现前后台功能所需要的方法
 */
public class Order implements IOrderBackground, IOrderForeground {

    // 构造方法用 private 修饰,禁止外部用 new 创建 Order 对象
    private Order(){

    }

    // 返回 Order 对象给前台 IOrderForeground
    public static IOrderForeground getOrderForeground(){
        return (IOrderForeground)new Order();
    }

    // 返回 Order 对象给后台 IOrderBackground
```

```java
    public static IOrderBackground getOrderBackground(){
        return (IOrderBackground)new Order();
    }


public void getOrder() {
    System.out.println("----订单查询----");
}


public void updateOrder() {
    System.out.println("----订单修改----");
}


public void insertOrder() {
    System.out.println("----添加订单----");
}


// 测试主方法
public static void main(String[] args) {

    IOrderForeground fore = Order.getOrderForeground();
    fore.getOrder();
    fore.insertOrder();

    IOrderBackground back = Order.getOrderBackground();
    back.getOrder();
    back.updateOrder();

    }

}
```

运行结果如下:

```
----订单查询----
----添加订单----
----订单查询----
----订单修改----
```

2. 采用接口隔离原则的注意点

采用接口隔离原则对接口进行约束时,要注意以下几点:

(1)接口尽量小,但是要有限度。对接口进行细化可以提高程序设计灵活性,但是如果接口过于细化,会造成接口数量过多,使设计复杂化。所以一定要适度。

(2)为依赖接口的类定制服务,只暴露给调用的类所需要的方法,它不需要的方法则隐藏起来。只有专注地为一个模块提供定制服务,才能建立最小的依赖关系。

(3)提高内聚,减少对外交互。使接口用最少的方法完成最多的事情。

五、迪米特法则(Law Of Demeter)

迪米特法则是指一个对象应该对其他对象保持最少的了解。

类与类之间的关系越密切,耦合度越大,当一个类发生改变时,对另一个类的影响也越大。所以,要尽量降低类与类之间的耦合,才能提高代码的复用率。

六、开闭原则(Open Close Principle)

一个软件实体,如类、模块和函数,应该对扩展开放,对修改关闭。

在软件的生命周期内,因为变化、升级和维护等原因需要对软件原有代码进行修改时,可能会使旧代码中引入错误,也可能会使编程者不得不对整个功能进行重构,并且需要对原有代码重新测试。

遵循开闭原则,当软件需要变化时,尽量通过扩展软件实体的行为来实现变化,而不是通过修改已有的代码来实现变化。

第3节 常用设计模式

设计模式分为创建型模式、结构型模式、行为型模式。

一、创建型模式

创建型模式就是创建对象的模式,抽象了实例化的过程。它帮助一个系统独立于如何创建、组合和表示对象。创建型模式关注的是对象的创建,创建型模式将创建的过程进行了抽象,也可以理解为将创建的过程进行了封装,作为客户程序仅仅需要去使用对象,而不再关心创建对象过程中的逻辑。

所有的创建型模式都有两个永恒的主旋律:
- 都将系统使用的那些具体类的信息封装起来。
- 隐藏了这些类的实例是如何被创建和组织的。

1. 工厂方法(Factory Method)

工厂方法,定义一个接口用于创建对象,但是让子类决定初始化哪个类。工厂方法把一个类的初始化下放到子类。

```
package factory;

/**
*定义工作接口
*/
public interface IWork {

  public void doWork();

}
```

```
package factory;

/**
*实现工作接口,定义老师工作是讲课
*/
```

```java
public class TeacherWork implements IWork {

    public void doWork() {
        System.out.println("老师讲课...");
    }

}
```

```java
package factory;

/**
 * 实现工作接口,定义学生工作是听课
 */
public class StudentWork implements IWork {

    public void doWork() {
        System.out.println("学生听课...");
    }

}
```

```java
package factory;

/**
 * 提供工作的工厂,实现工厂方法
 */
public class WorkFactory {
```

```java
    // 工厂方法
    public static IWork createWork(Class c){
        IWork work = null;
        try {
            // 产生一个工作对象
            work = (IWork)Class.forName(c.getName()).newInstance();

        } catch (Exception e) {
            System.out.println("工作对象产生错误!");
        }
        return work;
    }
}
```

```java
package factory;

/**
 *定义校长类,通过工作工厂方法,管理老师和学生的工作
 */
public class Master {

    public static void main(String[] args) {
        System.out.println("----校长通知学生上课----");
        IWork student = WorkFactory.createWork(StudentWork.class);
        student.doWork();
```

```
            System.out.println("\n----校长安排老师上课----");
            IWork teacher =
WorkFactory.createWork(TeacherWork.class);
            teacher.doWork();

    }

}
```

运行结果如下:

----校长通知学生上课----
学生听课...
----校长安排老师上课----
老师讲课...

2. 单态模式（Singleton）

单态模式，确保一个类只有一个实例，并提供对该实例的全局访问。

```
package singleton;

/**
 *硬汉式单例模式
 */
public class Singleton {

    // 在类中创建 static final 修饰的自己的实例
    private static final Singleton singleton = new Singleton();

    // 构造方法用 private 修饰,限制产生多个对象
    private Singleton(){
```

```java
    }

    // 通过该方法获得实例对象
    public static Singleton getInstance(){
        return singleton;
    }

    // 类中其他方法,尽量是static
    public static void doSomething(){

    }

    public static void main(String[] args) {
        // 第一次获得Singleton的实例
        Singleton sing = Singleton.getInstance();
        // 第二次获得Singleton的实例
        Singleton sing2 = Singleton.getInstance();
        System.out.println("-------第一次获得Singleton的实例--------");
        System.out.println(sing);
        System.out.println("\n-------第二次获得Singleton的实例--------");
        System.out.println(sing2);
    }
}
```

运行结果如下:

```
-------第一次获得Singleton的实例--------
singleton.Singleton@6b97fd
```

--------第二次获得Singleton的实例--------
singleton.Singleton@ 6b97fd

```java
package singleton;

/**
 *懒汉式单例模式
 */
public class Singleton2 {

    // 在类中创建自己的实例属性,未初始化
    private static Singleton2 singleton = null;

    // 限制产生多个对象
    private Singleton2(){

    }

    // 通过该方法获得实例对象,此时初始化实例
    public synchronized static Singleton2 getInstance(){
        if(singleton = =null){
          singleton = new Singleton2();
        }
        return singleton;
    }


    // 类中其他方法,尽量是static
```

```java
    public static void doSomething(){
        
    }
    
    public static void main(String[] args) {
        //第一次获得Singleton2的实例
        Singleton2 sing = Singleton2.getInstance();
        //第二次获得Singleton2的实例
        Singleton2 sing2 = Singleton2.getInstance();
        System.out.println("-------第一次获得Singleton2的实例--------");
        System.out.println(sing);
        System.out.println("\n-------第二次获得Singleton2的实例--------");
        System.out.println(sing2);
    }
}
```

运行结果如下:

```
-------第一次获得Singleton2的实例--------
singleton.Singleton2@6b97fd

-------第二次获得Singleton2的实例-
singleton.Singleton2@6b97fd
```

3. 原型模式（Prototype）

原型模式,用原型实例指定创建对象的种类,并且通过拷贝这些原型创建新的对象。

```java
package prototype;

/**
```

* 新年贺卡模板
 */
public class NewYearCardTemplate {

    // 年份
    private String cardYear;

    // 贺卡祝福语
    private String cardContent;

    public NewYearCardTemplate(String cardYear, String cardContent){
        this.cardYear = cardYear;
        this.cardContent = cardContent;
    }

    // getter/setter 方法
    public String getCardYear() {
        return cardYear;
    }

    public void setCardYear(String cardYear) {
        this.cardYear = cardYear;
    }

    public String getCardContent() {
        return cardContent;
    }

    public void setCardContent(String cardContent) {

```java
        this.cardContent = cardContent;
    }
}
```

```java
package prototype;

/**
 *需要发送的新年贺卡电子邮件
 */
public class EMail implements Cloneable{

    // 收件人
    private String receiver;

    // 邮件主题
    private String subject;

    // 邮件内容
    private String content;

    // 构造函数
    public EMail(NewYearCardTemplate cardTemplate){
        this.content = cardTemplate.getCardYear() + "年" + cardTemplate.getCardContent();
    }

    @Override
    public EMail clone(){
        EMail mail = null;
```

```java
    try {
      mail = (EMail)super.clone();
    } catch (CloneNotSupportedException e) {
      e.printStackTrace();
    }
    return mail;
}

// getter / setter 方法
public String getReceiver() {
    return receiver;
}

public void setReceiver(String receiver) {
    this.receiver = receiver;
}

public String getSubject() {
    return subject;
}

public void setSubject(String subject) {
    this.subject = subject;
}

public String getContent() {
    return content;
}

public void setContent(String content) {
```

```java
        this.content = content;
    }

}


package prototype;

/**
 * 发送电子贺卡
 */
public class Users {

    public static void main(String[] args) {

        Integer i = 0;
        // 定义模板
        EMail mail = new EMail(new NewYearCardTemplate("龙","龙腾虎跃!"));
        // 模拟发送3张电子贺卡给163用户
        while(i < 3){

            EMail cloneMail = mail.clone();

    cloneMail.setReceiver(i.toString() + i.toString() + i.toString() + "@" + "163.com");
            // 然后发送邮件
            sendMail(cloneMail);
            i ++;
        }
```

```
    }

    // 发送邮件
    public static void sendMail(EMail mail){
        System.out.println("收件人:
" +mail.getReceiver() + "\t 邮件内容:" +mail.getContent());
    }
}
```

运行结果如下：

```
收件人:000@163.com    邮件内容:龙年龙腾虎跃!
收件人:111@163.com    邮件内容:龙年龙腾虎跃!
收件人:222@163.com    邮件内容:龙年龙腾虎跃!
```

二、结构型模式

结构型模式涉及如何组合类和对象以获得更大的结构。

1. 适配器模式（Adapter）

适配器模式，将某个类的接口转换成客户端期望的另一个接口表示。适配器模式可以消除由于接口不匹配所造成的类兼容性问题。

```
package adapter;

/**
 *目标:三相插座接口
 */
public interface IThreepinPlug {

    public abstract void connect();
```

}

```java
package adapter;

/**
 * 使用三相插头的电器
 */
public class ThreepinPlug implements IThreepinPlug {

    private String name;

    public ThreepinPlug() {
    }

    public ThreepinPlug(String name) {
        this.name = name;
    }

    public void connect() {
        turnOn();
    }

    private void turnOn() {
        System.out.println("三相插头的" + name + "开始运作...");
    }
}

package adapter;
```

```java
/**
 *被适配者:两相插座接口
 */
public interface ITwopinPlug {
    
    public abstract void connect();
    
}
```

```java
package adapter;

/**
 *使用两相插头的电器
 */
public class TwopinPlug implements ITwopinPlug {
    
    private String name;
    
    public TwopinPlug() {
    }
    
    public TwopinPlug(String name){
        this.name = name;
    }
    
    public void connect() {
        turnOn();
    }
```

```java
    private void turnOn(){
        System.out.println("两相插头的" + name + "开始运作...");
    }
}
```

```java
package adapter;

/**
 * 适配器:本来是三相插座,同时要兼容两相插座的功能
 */
public class Adapter implements IThreepinPlug {

    // 被适配者
    public ITwopinPlug twoplug;

    //【适配器】适配【被适配者】
    public Adapter(ITwopinPlug twoplug) {
        this.twoplug = twoplug;
    }

    public void connect() {
        twoplug.connect();
    }

}
```

```java
package adapter;

public class Users {
```

```java
public static void main(String[] args) {

    // 目标接口三相插座
    IThreepinPlug threepin = new ThreepinPlug("洗衣机");
    System.out.println("----使用三相插座接通电流----");
    threepin.connect();

    // 适配器将两相插座适配到目标接口
    TwopinPlug tv = new TwopinPlug("电视");
    Adapter adapter = new Adapter(tv);
    threepin = adapter;
    System.out.println("----使用三相插座接通电流----");
    threepin.connect();
  }
}
```

运行结果如下:

```
----使用三相插座接通电流----
三相插头的洗衣机开始运作…
----使用三相插座接通电流----
两相插头的电视开始运作…
```

2. 外观模式（Facade）

外观模式，为子系统中的一组接口提供一个一致的界面，外观模式定义了一个高层接口，这个接口使得这一子系统更加容易使用。

```
package facade;

/**
 *定义一个接口
 */
public interface IDesignService {

    //提供设计图纸
    public void getDesign();

}
```

```
package facade;

/**
 *实现一个接口
 */
public class DesignService implements IDesignService{
    //提供设计图纸
    public void getDesign(){
    System.out.println("提供设计图纸...");
    }

}
```

```java
package facade;

/**
 *定义一个接口
 */
public interface IMaterialService {

    //提供装潢材料
    public void getMaterial();

}
```

```java
package facade;

/**
 *实现一个接口
 */
public class MaterialService implements IMaterialService{

    //提供装潢材料
    public void getMaterial(){
        System.out.println("提供装潢材料...");
    }

}
```

```java
package facade;

/**
 *定义一个接口
 */
public interface IDecorateService {

    // 进行装潢
    public void toDecorate();

}
```

```java
package facade;

/**
 *实现一个接口
 */
public class DecorateService implements IDecorateService{

    // 进行装潢
    public void toDecorate(){
       System.out.println("进行装潢施工...");
    }

}
```

```
package facade;

/**
 * 门面类,熟悉其他接口及其实现类提供的服务
 */
public class Facade {

    public IDesignService designService;
    public IMaterialService materailService;
    public IDecorateService decorateService;

    public Facade() {
        designService = new DesignService();
        materailService = new MaterialService();
        decorateService = new DecorateService();
    }

    // 提供设计图纸服务
    public void getDesign(){
        designService.getDesign();
    }

    // 提供设计图纸、提供材料、装潢施工一体服务
    public void getAll(){
        designService.getDesign();
        materailService.getMaterial();
```

```
            decorateService.toDecorate();
    }

}
```

```
package facade;

public class Customer {

    /**
     * 客户通过门面,提出各种服务要求
     */
    public static void main(String[] args) {
        // 客户需要提供设计图纸、提供材料、装潢施工一体服务
        Facade facade = new Facade();

        System.out.println("------客户需要提供设计图纸服务---------------------------");
        facade.getDesign();

        System.out.println("------客户需要提供设计图纸、提供材料、装潢施工一体服务------");
        facade.getAll();
    }

}
```

运行结果如下:

```
------客户需要提供设计图纸服务------------------------
提供设计图纸...
   ------客户需要提供设计图纸、提供材料、装潢施工一体服务------
提供设计图纸...
提供装潢材料...
进行装潢施工...
```

3. 代理模式（Proxy）

代理模式，为其他对象提供一个代理以控制对这个对象的访问。

```
package proxy;

/**
 *定义一种类型的明星,能唱歌
 */
public interface IStar{

    // 唱歌
    public void sing();
}
```

```
package proxy;

/**
 *定义歌星 Lily,对外提供唱歌服务
 */
public class LilyStar implements IStar{

    // 唱歌
```

```java
    public void sing() {
        System.out.println("歌星 Lily 在唱歌...");
    }
}
```

```java
package proxy;

/**
 * 定义歌星 Echo,对外提供唱歌服务
 */
public class EchoStar implements IStar {

    // 唱歌
    public void sing() {
        System.out.println("歌星 Echo 在唱歌...");
    }

}
```

```java
package proxy;

/**
 * 定义歌星代理人,即经纪人,对外也提供唱歌服务
 */
public class ProxyStar implements IStar {

    // 定义一个歌星
```

```java
    private IStar star ;

    public ProxyStar(){
        // 默认代理歌星 Lily
        star = new LilyStar();
    }

    public ProxyStar(IStar star){
        // 可以代理 IStar 类型的任一歌星
        this.star = star;
    }

    // 对外也提供唱歌服务,但实际上是代理的歌星提供服务
    public void sing() {
        // 代理的歌星唱歌
        star.sing();
    }
}
```

```java
package proxy;

/**
 * 定义粉丝类,听歌星唱歌
 */
public class Fans {
    public static void main(String[] args) {

        // 通过默认代理,粉丝听歌星 Lily 唱歌
```

```
            System.out.println("\n-------通过默认代理,粉丝听歌星 Lily
唱歌--------");
            IStar proxy1 = new ProxyStar();
            proxy1.sing();

            // 通过代理,粉丝指定 Echo 唱歌
            System.out.println("\n-------通过代理,粉丝指定 Echo 唱歌-
--------");
            IStar proxy2 = new ProxyStar(new EchoStar());
            proxy2.sing();
        }

    }
```

运行结果如下:

```
-------通过默认代理,粉丝听歌星 Lily 唱歌--------
歌星 Lily 在唱歌...
-------通过代理,粉丝指定 Echo 唱歌--------
歌星 Echo 在唱歌...
```

三、行为型模式

行为型模式涉及算法和对象间职责的分配。行为型模式描述对象或类之间的通信模式,刻划了在运行时难以跟踪的复杂的控制流。

1. 迭代器模式(Iterator)

迭代器模式提供了一种方法顺序访问一个聚合对象中的各个元素,而且不需暴露该对象的内部表示。

```
package iterator;
```

```java
/**
 *定义一个接口,所有的水果都是一个接口
 */
public interface IFruit {

    // 增加水果
    public void add(String name,int num);

    // 水果店经理,获取水果信息
    public String getFruitListInfo();

    // 获得一个可以被遍历的对象
    public IFruittIterator iterator();
}
```

```java
package iterator;

import java.util.ArrayList;

/**
 *所有水果的信息
 */
public class Fruit implements IFruit {
    // 定义一个水果列表
    private ArrayList<IFruit> fruitList = new ArrayList<IFruit>();

    // 名称
    private String name = "";
```

```java
// 数量
private int num = 0;

public Fruit(){

}

// 定义一个构造函数,把所有水果店经理需要看到的信息封装起来
private Fruit(String name,int num){
    this.name = name;
    this.num = num;
}

// 增加水果
public void add(String name,int num){
    this.fruitList.add(new Fruit(name,num));
}

// 得到水果的信息
public String getFruitListInfo() {
    String info = "";

    // 获得名称
    info = info + "水果名称是:" + this.name;
    // 获得数量
    info = info + "\t水果数量是: " + this.num +"千克";

    return info;
}

// 产生一个遍历对象
```

```java
        public IFruittIterator iterator(){
            return new FruitIterator(this.fruitList);
        }

}

package iterator;

import java.util.Iterator;

/**
 *定义一个 Iterator 接口
 */
public interface IFruittIterator extends Iterator {

};
```

```java
package iterator;

import java.util.ArrayList;

/**
 *定义一个迭代器
 */
public class FruitIterator implements IFruittIterator {

    // 所有的水果都放在 ArrayList 中
    private ArrayList < IFruit > fruitList = new ArrayList < IFruit >();
```

```java
        private int current = 0;

    // 构造函数出入 fruitList
    public FruitIterator(ArrayList <IFruit> fruitList){
        this.fruitList = fruitList;
    }


    // 判断是否还有元素,必须实现
    public boolean hasNext() {
        // 定义一个返回值
        boolean b = true;
        if(this.current >= fruitList.size() || this.fruitList.get(this.current) == null){
            b = false;
        }
        return b;
    }


    // 取得下一个值
    public IFruit next() {
        return (IFruit)this.fruitList.get(this.current ++);
    }


    // 删除一个对象
    public void remove() {
        // 暂时没有使用到
    }

}
```

```
package iterator;

/**
*水果店经理,来清点库存
*/
public class Shopkeeper {

    public static void main(String[] args) {
        // 定义一个List,存放所有的水果对象
        IFruit fruit = new Fruit();

        // 水果List 中添加水果对象
        fruit.add("苹果",100);
        fruit.add("西瓜",200);
        fruit.add("芒果",300);

        // 遍历一下ArrayList,把所有的数据都取出
        IFruittIterator fruitIterator = fruit.iterator();
        while(fruitIterator.hasNext()){
          IFruit f = (IFruit)fruitIterator.next();
          System.out.println(f.getFruitListInfo());

        }

    }
}
```

运行结果如下:

水果名称是:苹果   水果数量是:100 千克

水果名称是:西瓜　水果数量是:200 千克
水果名称是:芒果　水果数量是:300 千克

2. 模板方法（Template Method）

模板方法模式准备了一个抽象类,将部分逻辑以具体方法及具体构造子类的形式实现,然后声明一些抽象方法来迫使子类实现剩余的逻辑。不同的子类可以以不同的方式实现这些抽象方法,从而对剩余的逻辑有不同的实现。先构建一个顶级逻辑框架,而将逻辑的细节留给具体的子类去实现。

```java
package templatemethod;

/**
 * ComputerTemplate 是计算机模板的意思
 */
public abstract class ComputerTemplate {

    // 开机
    protected abstract void start();

    // 关机
    protected abstract void stop();

    // 运行
    final public void run() {

        // 首先,开机
        this.start();

        // 最后,关机
        this.stop();
```

```java
    }

}
```

```java
package templatemethod;

/**
 * 笔记本计算机
 */
public class Laptop extends ComputerTemplate {

    @Override
    protected void start() {
        // 实现笔记本计算机开机操作
        System.out.println("笔记本计算机开始运行...");
    }

    @Override
    protected void stop() {
        // 实现笔记本计算机关机操作
        System.out.println("笔记本计算机停止运行...");
    }

}
```

```java
package templatemethod;

/**
```

```java
 * 台式计算机
 */
public class Desktop extends ComputerTemplate {

    @Override
    protected void start() {
        // 实现台式计算机开机操作
        System.out.println("台式计算机开始运行...");
    }

    @Override
    protected void stop() {
        // 实现台式计算机关机操作
        System.out.println("台式计算机停止运行...");
    }

}
```

```java
package templatemethod;

/**
 * 用户开始使用计算机模型实现的两种计算机(笔记本计算机、台式计算机)
 */
public class Users {

    public static void main(String[] args) {
        System.out.println("-------笔记本计算机运行--------");
        ComputerTemplate lap = new Laptop();
        lap.run();
```

```
        System.out.println("\n-------台式计算机运行--------");
        ComputerTemplate desk=new Desktop();
        desk.run();
    }
}
```

运行结果如下:

```
-------笔记本计算机运行--------
笔记本计算机开始运行...
笔记本计算机停止运行...
-------台式计算机运行--------
台式计算机开始运行...
台式计算机停止运行...
```

本章小结

  如何提高代码的结构化程度、可读性、可重用性和可维护性是所有程序员都要思考的问题,将具体的设计方法抽象出来成为一种可推广的模式,就是设计模式。本章从为何使用设计模式以及设计模式需要遵循的原则开始,利用代码实例详细介绍了工厂方法、单态模式和原型模式3种创建型模式,适配器模式、外观模式和代理模式3种结构型模式,迭代器模式和模板方法2种行为模式。Java程序设计方法经过多年的发展和总结,现在已经有100多种设计模式可供选择,但是由于篇幅所限,本章着重介绍了最常用的几种。读者可以在学习本章的过程中,结合Spring进行学习,不难发现Spring框架本身就集成了很多设计模式的理念。